国家中职示范校建设开发教材

单片机与接口技术

DAN PiAN JI YU JIE KOU JI SHU

主　编：钱伟
副主编：张茂

本教材以典型工作任务为导向，按照工学结合，一体化教学模式进行编写。

编委会

编审人员

主　编　钱　伟

副主编　张　茂

参　编　王　睿　李　楠　陈新红

前　言

人才是我国经济社会发展的第一资源，技能人才更是人才队伍的重要组成部分，技工院校一直是系统培养技能人才的重要基地，在为社会输送技能型人才过程中扮演着十分重要的角色。随着经济的不断发展、产业结构的不断调整以及产业技术的升级，社会各届在新技术的掌握程度以及操作技能的广度和深度方面对电工都提出了更高的要求，国家迫切需要加快培养一大批具有精湛技能和高超技艺的技能人才。为了适应社会发展需求，为了遵循技能人才的成长规律，楚雄技师学院启动了一体化课程教学改革工作，推进以职业活动为导向，以校企合作为基础，以综合职业能力培养为核心，理论教学与技能操作融会贯通的一体化课程教学改革。大胆尝试以任务引领教学新模式、全心致力于校本教材的开发，努力实现“教、学、做”一体化。

本书从一体化实训入手，编写的宗旨主要从四个方面出发：一是力求所有的实训任务从实际出发，满足实际设计的需要；二是力求所有的实训任务能反映本工种新技术的应用；三是力求所有实训任务能体现操作者的工作经验和技能水平；四是力求所有的实训任务具有很强的可操作性。

本书具有以下几个特点：

(1) 内容涵盖面广，知识点难易层次分明。本书共有七个任务，安排顺序由易到难，各任务均贴近实际生产生活需要。

(2) 实用性强，通俗易懂。在编写过程中注重实用性和易学性，努力做到理论与实践相结合，着重培养学生的职业素养和专业能力，同时注重培养学生的创新能力。每个任务均有与任务相关的知识点，理论知识以够用为度，采用实例教学法，深入浅出，通俗易懂。

(3) 本书配套实训设备功能齐全，可操作性强。结合 YL-236 实训设备，可进行书中的全部实训任务以及技能提升拓展训练。

本书在编写过程中得到了楚雄技师学院各级领导、老师的大力支持和帮助，在此表示感谢。

因编者水平有限，书中难免会有错漏之处，敬请广大读者批评指正。

编者

2015 年 3 月

目　录

任务一　百变流水灯 ……………………………………………………………… 001

学习活动一　接受任务，制订计划 ………………………………………………… 011
学习活动二　选择所需模块并进行合理布局，分配 I/O 口 ……………………… 013
学习活动三　LED 灯硬件接线 ……………………………………………………… 014
学习活动四　百变流水灯程序设计 ………………………………………………… 018
学习活动五　工作小结 ……………………………………………………………… 022
拓展性学习任务 ……………………………………………………………………… 023

任务二　简易计算器 ……………………………………………………………… 025

学习活动一　接受任务，制订计划 ………………………………………………… 030
学习活动二　选择所需模块并进行合理布局，分配 I/O 口 ……………………… 031
学习活动三　硬件接线 ……………………………………………………………… 033
学习活动四　简易计算器程序设计 ………………………………………………… 037
学习活动五　工作小结 ……………………………………………………………… 041
拓展性学习任务 ……………………………………………………………………… 042

任务三　数字电子温度计 ………………………………………………………… 045

学习活动一　接受任务，制订计划 ………………………………………………… 049
学习活动二　选择所需模块并进行合理布局，分配 I/O 口 ……………………… 051
学习活动三　对电子温度计进行硬件接线 ………………………………………… 052
学习活动四　数字电子温度计程序设计 …………………………………………… 056
学习活动五　工作小结 ……………………………………………………………… 060
拓展性学习任务 ……………………………………………………………………… 061

任务四　智能小车 ………………………………………………………………… 063

学习活动一　接受任务，制订计划 ………………………………………………… 076

学习活动二　选择所需模块并进行合理布局，分配 I/O 口 …… 078
学习活动三　硬件接线 …… 079
学习活动四　智能小车程序设计 …… 084
学习活动五　工作小结 …… 088
拓展性学习任务 …… 089

任务五　步进电机跟踪定位 …… 091

学习活动一　接受任务，制订计划 …… 095
学习活动二　选择所需模块并进行合理布局，分配 I/O 口 …… 096
学习活动三　步进电机硬件参数设置，硬件接线 …… 098
学习活动四　步进电机跟踪定位程序设计 …… 102
学习活动五　工作小结 …… 106
拓展性学习任务 …… 107

任务六　模拟物料传送系统 …… 109

学习活动一　接受任务，制订计划 …… 111
学习活动二　选择所需模块并进行合理布局，分配 I/O 口 …… 112
学习活动三　硬件接线 …… 113
学习活动四　物料传送系统程序设计 …… 118
学习活动五　工作小结 …… 122
拓展性学习任务 …… 123

任务七　智能物料搬运系统 …… 125

学习活动一　接受任务，制订计划 …… 133
学习活动二　选择所需模块并进行合理布局，分配 I/O 口 …… 134
学习活动三　对智能物料搬运装置参数进行设置，硬件接线 …… 136
学习活动四　智能物料分拣系统程序设计 …… 140
学习活动五　工作小结 …… 144
拓展性学习任务 …… 145

任务一　百变流水灯

学习任务描述

使用显示模块中 8 盏 LED 灯依次呈现以下效果：闪烁 3 次→自左向右递亮 1 轮→自右向左递灭 1 轮→自右向左递亮 1 轮→自左向右递灭 1 轮→自左向右流水 1 轮→自右向左流水 1 轮→自定义花样闪烁 1 轮。

相关资料

一、计算机的常用术语

1. 位（Bit）

位是计算机所能表示的最基本、最小的数据单元。计算机采用二进制，因此位就是 1 个二进制位，若干二进制位的组合就可以表示各种数据、字符等。

2. 字（Word）和字长

字是计算机内部进行数据处理的基本单位。通常它与计算机内部寄存器、算术逻辑单元、数据总线的长度一致。一个字所包含的二进制位数称为字长。

3. 字节（Byte）

把相邻的 8 位二进制数称为字节，可以用字节作为微型计算机字长的单位。8 位微型计算机的字长等于 1 个字节，16 位微型计算机的字长等于 2 个字节，32 位微型计算机的字长等于 4 个字节。习惯上把一个字节定为 8 位，把一个字定为 16 位，把一个双字定为 32 位。

4. 指令

指令是规定计算机进行某种操作的命令，由一串二进制数码组成，是计算机自动控制的依据。

5. 程序

程序是指令的有序组合，是为实现特定目标或解决待定问题而用计算机语言编写的命令序列。

6. 机器语言

用二进制（或十六进制）数表示的指令和数据总和为机器语言，是计算机能直接识别和执行的程序。

7. 汇编语言

用助记符号表达的指令称为汇编语言，是机器语言的符号表示。

8. 高级语言

采用接近人类自然语言的习惯表达的程序设计语言，如BASIC、C语言。现在一般使用C51语言设计51单片机程序。

二、计算机的数制

1. 数制介绍

（1）十进制（Decimal）。

数码：0、1、2、3、4、5、6、7、8、9

①十进制有0~9十个不同的数码。

②十进制数逢十进一，即当低位满十则向邻高位进一。

（2）二进制（Binary）。

数码：0、1

①二进制有0、1两个不同的数码。

②二进制数逢二进一。

（3）十六进制（Hexadecimal）。

数码：0、1、2、3、4、5、6、7、8、9、A、B、C、D、E、F

① 十六进制有0~F十六个不同的数码。

② 十六进制数逢十六进一。

为部分十进制、二进制、十六进制数的对照如表1-1所示。

十进制	二进制	十六进制	十进制	二进制	十六进制
0	0000	0	8	1000	8
1	0001	1	9	1001	9
2	0010	2	10	1010	A
3	0011	3	11	1011	B
4	0100	4	12	1100	C
5	0101	5	13	1101	D
6	0110	6	14	1110	E
7	0111	7	15	1111	F

2. 数制的书写

（1）可以在数后面用英文字母标记。

十进制数以字母 D 结尾，例如：32D、1000D，C 语言中用前缀 0X 来表示。

二进制数以字母 B 结尾，例如：1001B、0100B。

十六进制数以字母 H 结尾，例如：123H，A1EFH。

（2）可以给数加括号，并在括号右下角标注数制代号，例如：

十进制数，（32）10、（1000）10

二进制数，（1001）2、（0100）2

十六进制数，（123）16、（A1EF）16

3. 不同数制之间的转换

（1）二进制与十进制相互转换。

① 二进制数转换成十进制数，将二进制数按权展开后相加，例如：

$11010B = 1 \times 2^4 + 1 \times 2^3 + 0 \times 2^2 + 1 \times 2^1 + 0 \times 2^0 = 26D$

②十进制数转换成二进制数，采用“除 2 取余法”。即用 2 连续去除十进制数，直到商为 0 为止，然后把各次余数按最后得到的为最高位、最早得到的为最低位（从下至上），依次排列起来所得到的数便是所求的二进制数。

（2）十六进制与十进制相互转换。

①十六进制数转换成十进制数，将十六进制数按权展开后相加，例如：

$64H = 6 \times 16^1 + 4 \times 16^0 = 100D$

②十进制数转换成十六进制数，采用“除 16 取余法”。即用 16 连续去除要转换的十进制数，直到商为 0 为止，然后把各次余数按逆得到顺序依次排列起来，所得的数便是所求的十六进制数。

（3）二进制与十六进制相互转换 。

①二进制数转换成十六进制数，采用“四位合一位”的方法。即从二进制数最低位开始，每四位一组，不足四位以 0 补足，然后分别把每组用十六进制数表示，并按序相连。

例如：把二进制数 1101111100110B 转换成十六进制数，则有：

0001	1011	1110	0110
1	B	E	6

所以，1101111100110B=1BE6H

②十六进制数转换成二进制数，采用“一位分四位”的方法。即把十六进制数的每一位分别用 4 位二进制数表示，然后将其按序连成一体。

例如：把十六进制数 2AE5H 转换成二进制数，则有：

2	A	E	5
0010	1010	1110	0101

所以，2AE5H = 0010101011100101B

单片机是一种嵌入式微控制器（Microcontroller Unit，MCU），最早是在工业控制领域中使用。它把微处理器（CPU）、随机存储器（RAM）、只读存储器（ROM）、定时/计数器、输入/输出电路和中断系统电路集成在一块超大规模芯片中，构成一个完善的计算机系统。市场上单片机种类繁多，性能各异，目前最流行的当数 Intel 公司的 MCS-51 系列单片机。它是 1980 年推出的 8 位高档单片机，与 MCS-48 系列相比，无论在 CPU 功能还是存储容量及特殊功能部件性能上 MCS-51 都要高出一筹，是工业控制系统中较为理想的机种。早期的 MCS-51 时钟频率为 12MHz，目前与 MCS-51 单片机兼容的一些单片机的时钟频率达到了 40MHz 甚至更高。

二、单片机知识

1. 内部结构

单片机内部结构如图 1-1 所示。

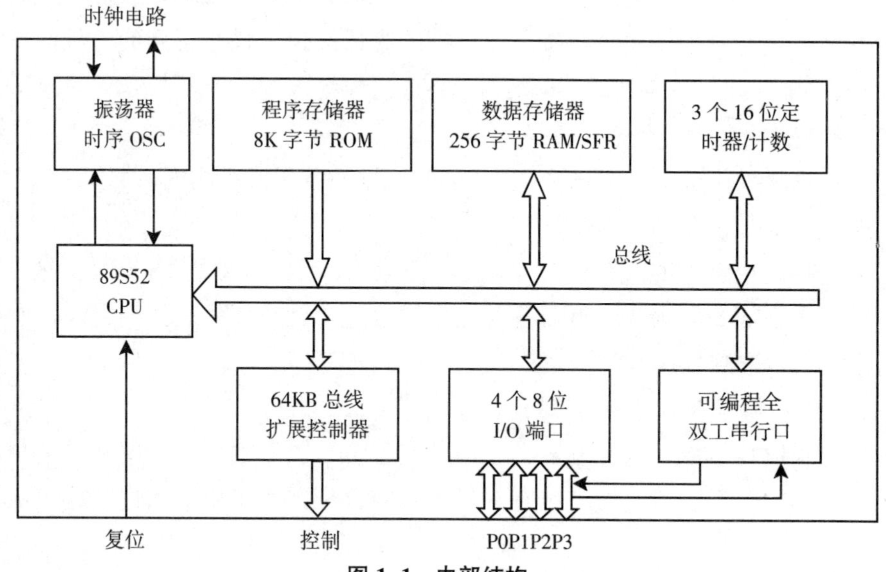

图 1-1　内部结构

2. 管脚功能

使用较广泛的 AT89C51 单片机是 Atmel 公司生产的以 MCS-51 为内核的系列单片机，引脚功能和实物如图 1-2 所示，常用型号如表 1-2 所示。它使用先进的 Flash 存储器代替原来的 ROM 存储器，时钟频率更高，有些型号还支持 ISP（在线更新程序）功能，性能优越，在自动控制系统、机电设备、家用电器等多功能产品中被广泛使用。

MCS-51 系列中的各类型单片机引脚端子大同小异，使用 HMOS 工艺技术制造的单片机通常采用双列直插 40 引脚封装，在使用时需注意，因受到集成电路芯片引脚数目的限制，有许多引脚具备第二功能，MCS-51 单片机具体引脚功能如表 1-3 所示。

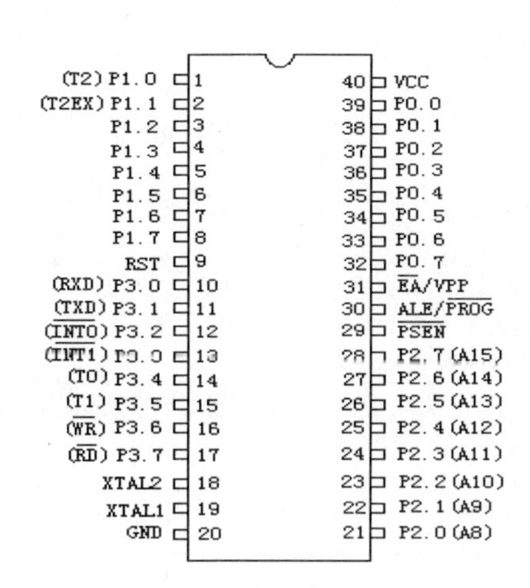

图 1–2　MCS–51 单片机引脚功能

表 1–2　Atmel MCS–51 系列单片机型号

型号	程序存储器	数据存储器	是否支持 ISP	最高时钟频率
AT89C51	4 KB Flash	128B	否	24MHz
AT89C52	8 KB Flash	256B	否	24MHz
AT89S51	4 KB Flash	128B	是	33MHz
AT89S52	8 KB Flash	256B	是	33MHz

表 1–3　单片机具体引脚功能

功能	名称	功能含义
电源线（2 根）	VCC	正电源，为工作电源和编程校验
	VSS	接地，接公共地端
端口线（32 根）	P0.0~P0.7	第一功能：8 位双向 I/O 使用 第二功能：访问外部存储器时，分时提供低 8 位地址和 8 位双向数据，在对片内 EPROM 进行编程和校验时，PO 口用于数据的输入和输出
	P1.0~P1.7	8 位准双向 I/O 口
	P2.0~P2.7	第一功能：8 位双向 I/O 口 第二功能：访问外部存储器时，输出高 8 位地址 A8~A15
	P3.0~P3.7	第一功能：8 位双向 I/O 口 第二功能：P3.0　串行数据输入端 P3.1　串行数据输出端 P3.2　外部中断 0 输入端 P3.3　外部中断 1 输入端 P3.4　定时/计数器 T0 外部输入端 P3.5　定时/计数器 T1 外部输入端 P3.6　外部数据存储器写选通信号 P3.7　外部数据存储器读选通信号

续表

功能	名称	功能含义
控制线（6 根）	ALE/PROG	地址锁存信号，访问外部存储器时，ALE 作为低 8 位地址锁存信号，PROG 为内部 EPROM 编程时的编程脉冲输入端
	PSEN	外部程序存储器的读选通信号，当访问外部 ROM 时，将产生负脉冲作为外部 ROM 的选通信号
	RST/VPD	复位/备用电源线。当 RST 保持两个机器周期以上的高电平时，单片机完成复位操作。VPD 作为备用电源输入端，当主 VCC 断电或者降到一定值时，备用电源自动投入，保证片内 RAM 的信息不丢失
	EA/VPP	访问程序存储器的控制信号，当为低电平时允许访问限定在外部存储器；当为高电平时允许访问片内 ROM
	ATAL1	外接石英晶体和微调电容，使用外部时钟时，接外部时钟源
	ATAL2	

二、 C 语言的基本结构

1. 顺序结构

C 语言的顺序结构如图 1–3 所示。

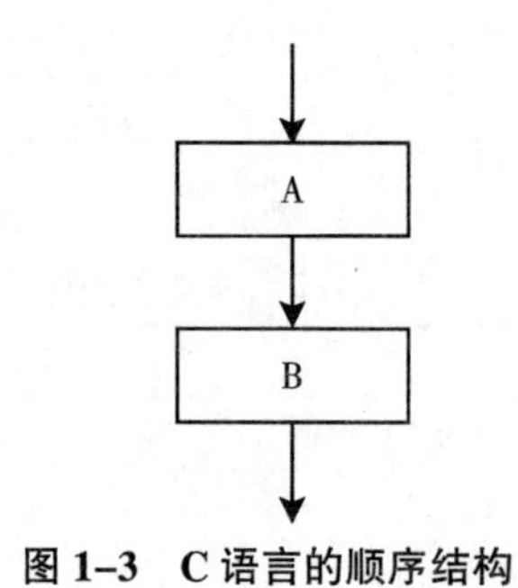

图 1–3　C 语言的顺序结构

2. 选择结构

（1）二分支选择结构。如图 1–4 所示。

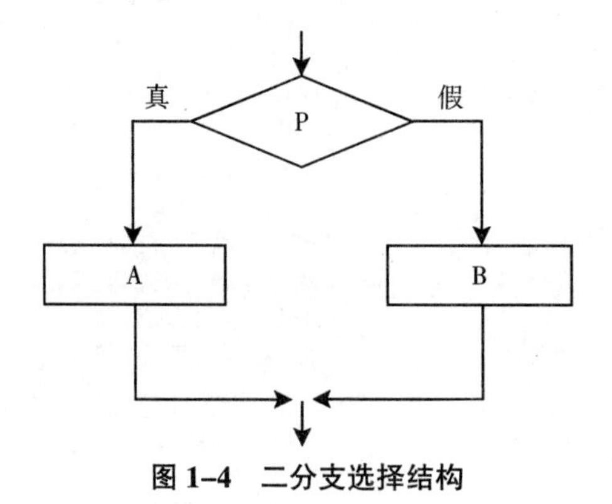

图 1–4　二分支选择结构

（2）多分支选择结构。如图 1–5 所示。

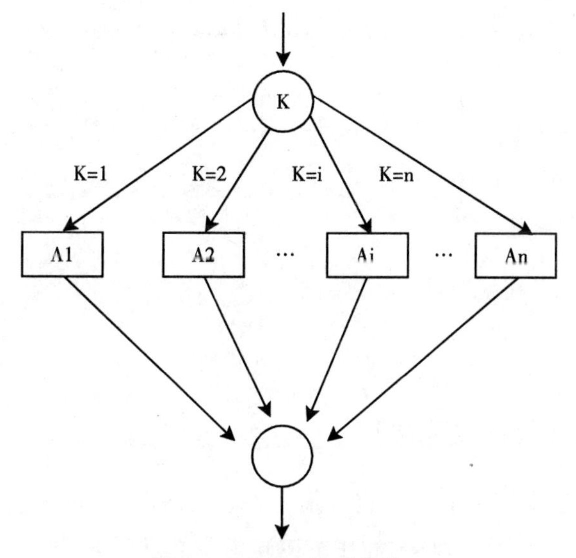

图 1–5　多分支选择结构

3. 循环结构

（1）当型循环结构。如图 1–6 所示。

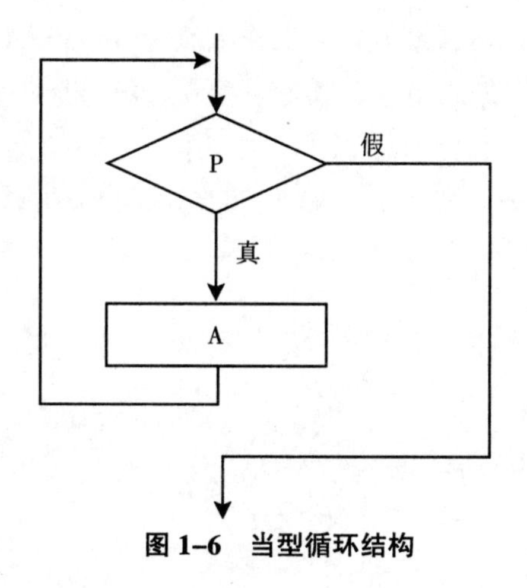

图 1–6　当型循环结构

（2）直到型循环结构。如图 1–7 所示。

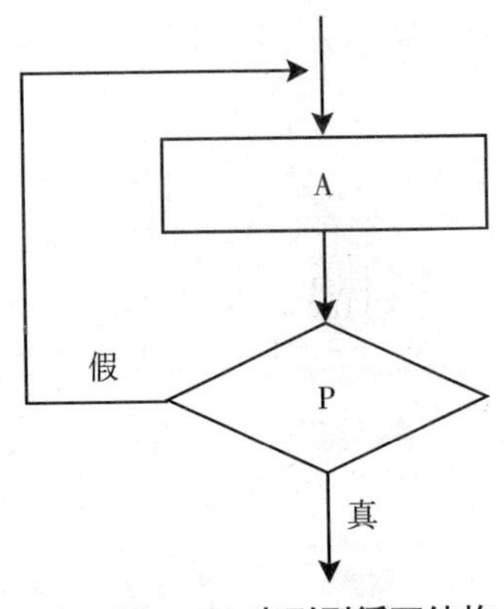

图 1–7　直到型循环结构

三、 发光二极管的发光原理

发光二极管，通常称为 LED。它只是一个微小的电灯泡，但发光二极管没有灯丝，而且也不会特别热，是由半导体材料中的电子移动而发光。

发光二极管由一个 PN 结构构成，具有单向导电性。但其正向工作电压（开启电压）比普通二极管高，为 1~2.5V，反向击穿电压比普通二极管低，为 5V 左右。当正向电流达到 1mA 左右时开始发光，发光强度近似与工作电流成正比；但工作电流达到一定数值时，发光强度逐渐趋于饱和，与工作电流呈非线性关系。一般小型发光二极管的正向工作电流为 10~20mA，最大正向工作电流为 30~50mA。

发光二极管的外形可以做成矩形、圆形、字形、符号形等多种形状，又有红、绿、黄、橙、红外等多种颜色。它具有体积小、功耗低、容易驱动、光效高、发光均匀稳定、响应速度快以及寿命长等特点，普遍用于指示灯及大屏幕显示装置中。发光二极管的构造如图 1–8 所示。

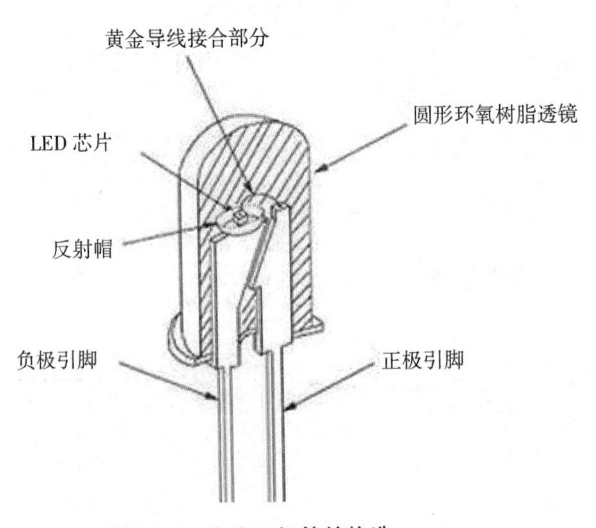

图 1–8　发光二极管的构造

四、赋值运算符、关系运算符介绍

1. 赋值运算符

(1) 简单赋值运算符。

a. 符号：=

b. 格式：变量标识符=表达式

c. 作用：将一个数据（常量或表达式）赋给一个变量。

(2) 复合赋值运算符。

a. 种类：+= -= *= /= %= 《= 》= &= ^= |=

b. 含义：根据运算符号先运算再赋值。

2. 关系运算符

(1) 种类：< <= == >= > ！=

(2) 结合方向：自左向右。

(3) 优先级别：

优先级高：< <= > >=

优先级低：== ！=

(4) 关系表达式的值：是逻辑值“真”或“假”，用 1 和 0 表示。

五、基础指令 while for 介绍

1. while 语句

(1) 一般形式。while（表达式） 如下：

```
{
循环体语句;
}
```

(2) 执行流程。如图 1-9 所示。

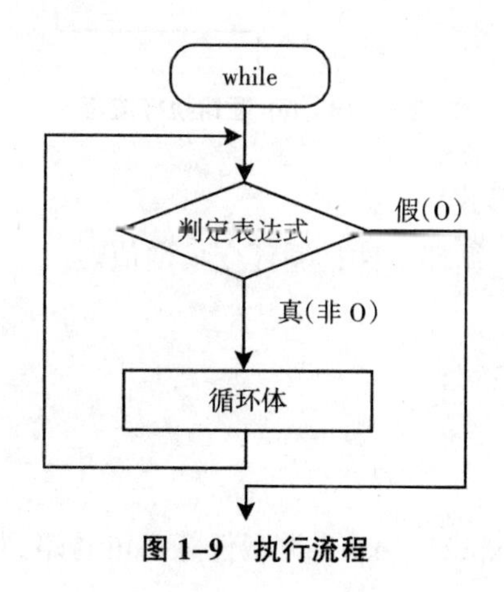

图 1-9　执行流程

(3) 特点：先判断表达式，后执行循环体。

(4) 说明：

1) 循环体有可能一次也不执行。

2) 循环体可为任意类型语句。

3) 下列情况，退出 while 循环：

a. 条件表达式不成立（为零）。

b. 循环体内遇 break，return，goto。

4) 无限循环：while (1)。

循环体。

2. for 语句

(1) 一般形式：

for ([expr1]; [expr2]; [expr3])

循环体语句；

(2) 执行流程。如图 1-10 所示。

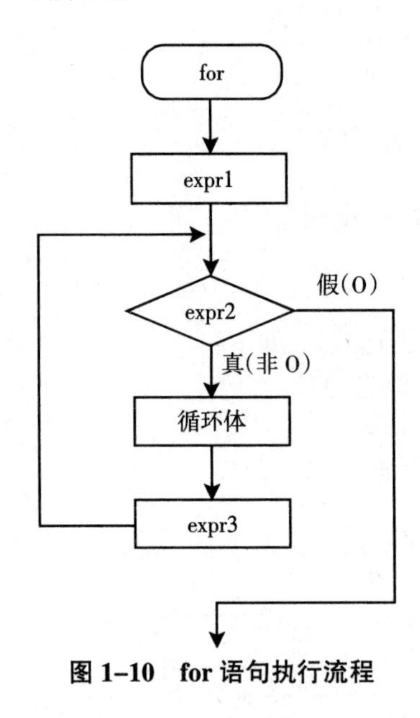

图 1-10　for 语句执行流程

(3) for 语句一般应用形式。

```
for (循环变量赋初值; 循环条件; 循环变量增值)
            {
            循环体语句;
            }
```

(4) 说明：

1) for 语句中 expr1、expr2 、expr3 类型任意都可省略，但分号“;”不可省略。

2）无限循环：for（;;）。

3）for 语句可以转换成 while 结构。

任务评价

序号	教学活动	评价内容					权重（%）
		活动成果（40%）	参与度（10%）	安全生产（20%）	劳动纪律（20%）	工作效率（10%）	
1	接受任务，制订计划	查阅信息单	活动记录	工作记录	教学日志	完成时间	10
2	选择所需模块并进行合理布局，分配 I/O 口	工具、量具、设备清单	活动记录	工作记录	教学日志	完成时间	20
3	LED 灯硬件接线	参数设置、线路连接	活动记录	工作记录	教学日志	完成时间	40
4	百变流水灯程序设计	呈现要求、灯光效果	活动记录	工作记录	教学日志	完成时间	20
5	工作小结	总结	活动记录	工作记录	教学日志	完成时间	10
总 计							100

学习活动一　接受任务，制订计划

学习目标

- 能接受任务，明确任务要求；
- 能根据任务要求分析所需模块；
- 能制订工作计划，合理分工。

建议学时：2 课时；学习地点：单片机实训室

学习过程

一、学习准备

YL–236 型单片机实训设备说明书、任务书、教材。

二、引导问题

（1）根据任务要求，工作任务由哪几部分组成？

（2）完成各部分功能所需模块及材料。

（3）分组学习各项操作规程和规章制度，小组摘录要点，做好学习记录。

（4）根据你的分析，安排工作进度，填入下表。

序号	开始时间	结束时间	工作内容	工作要求	备注

（5）根据小组成员特点完成下表。

小组成员名单	成员特点	小组中的分工	备注

（6）小组讨论记录（小组记录需有记录人、主持人、日期、内容等要素）。

学习活动二　选择所需模块并进行合理布局，分配 I/O 口

学习目标

- 能正确选择所需模块；
- 能根据任务要求合理布局各模块，分配 I/O 口；
- 能正确选择电路连接过程中所需的工具、量具及设备。

建议学时：2 课时；学习地点：单片机实训室

学习过程

一、学习准备

YL-236 设备参考书、任务书、教材。

二、引导问题

（1）根据说明书及教材，写出计算机的常用术语及二进制、十进制、十六进制间的相互转换规则。

（2）写出 AT89S52 芯片的构造和原理。

（3）简述发光二极管的工作原理。

（4）列出所需要的模块及材料（填下表）。

序号	名称	规格	精度	数量	用途
1					
2					
3					
4					
5					
6					
7					

学习活动三　LED 灯硬件接线

学习目标

- 能按照“7S”管理规范实施作业；
- 能熟练地对各模块控制线及电源线进行连接。

建议学时：2 课时；学习地点：单片机实训室

学习过程

一、学习准备

YL-236 设备参考书、任务书、教材、所需模块、连接线、量具、“7S”管理规范。

二、引导问题

（1）LED 灯如何呈现闪烁效果？

（2）LED 灯如何呈现递亮效果？

（3）LED 灯如何呈现递灭效果？

（4）LED 灯如何呈现流水效果？

（5）自行设计一个花样闪烁效果。

（6）按工作内容列出所设参数和所用材料及工量具（填下表）。

工作内容	设置参数	所需材料及工量具

评价与分析

活动过程评价自评表

班级：＿＿＿＿＿＿　姓名：＿＿＿＿＿＿　学号：＿＿＿＿号　＿＿＿年＿＿月＿＿日

评价项目及标准		权重(%)	等级评定			
			A	B	C	D
操作技能	1. 闪烁效果分析合理	20				
	2. 递亮效果分析合理	10				
	3. 递灭效果分析合理	10				
	4. 流水灯效果分析合理	10				
	5. 导线颜色及走线的合理性	10				
实习过程	1. 接线过程是否符合安全规范 2. 平时出勤情况 3. 接线顺序是否正确 4. 每天对工量具的整理、保管及场地卫生清扫情况	20				
情感态度	1. 师生互动 2. 良好的劳动习惯 3. 组员的交流、合作 4. 动手操作的兴趣、态度、积极主动性	20				
合　计		100				
简要评述						

等级评定：A：优（10），B：好（8），C：一般（6），D：有待提高（4）。

活动过程评价互评表

班级：＿＿＿＿＿＿　姓名：＿＿＿＿＿＿　学号：＿＿＿＿号　＿＿＿年＿＿月＿＿日

评价项目及标准		权重(%)	等级评定			
			A	B	C	D
操作技能	1. 闪烁效果分析合理	20				
	2. 递亮效果分析合理	10				
	3. 递灭效果分析合理	10				
	4. 流水灯效果分析合理	10				
	5. 导线颜色及走线的合理性	10				
实习过程	1. 接线过程是否符合安全规范 2. 平时出勤情况 3. 接线顺序是否正确 4. 每天对工量具的整理、保管及场地卫生清扫情况	20				
情感态度	1. 师生互动 2. 良好的劳动习惯 3. 组员的交流、合作 4. 动手操作的兴趣、态度、积极主动性	20				
合　计		100				
简要评述						

等级评定：A：优（10），B：好（8），C：一般（6），D：有待提高（4）。

活动过程教师评价量表

<table>
<tr><td>班级</td><td></td><td>姓名</td><td></td><td>学号</td><td></td><td>日期</td><td>月　日</td><td>配分</td><td>得分</td></tr>
<tr><td rowspan="5">教师评价</td><td colspan="2">劳保用品穿戴</td><td colspan="5">严格按《实习守则》要求穿戴好劳保用品</td><td>5</td><td></td></tr>
<tr><td colspan="2">平时表现评价</td><td colspan="5">1. 出勤情况
2. 纪律情况
3. 积极态度
4. 任务完成质量
5. 良好的习惯，岗位卫生情况</td><td>15</td><td></td></tr>
<tr><td rowspan="2">综合专业技能水平</td><td>基本知识</td><td colspan="5">1. 计算机常用术语及数制
2. 熟练查阅资料
3. AT89S52 构造及原理
4. LED 灯工作原理
5. 电工安全规范</td><td>20</td><td></td></tr>
<tr><td>操作技能</td><td colspan="5">1. 熟悉 YL-236 实训设备各部件
2. 布线合理、美观</td><td>30</td><td></td></tr>
<tr><td colspan="2">情感态度评价</td><td colspan="5">1. 互动与团队合作
2. 良好的劳动习惯，注重提高自己的动手能力
3. 动手操作的兴趣、态度、积极主动性</td><td>10</td><td></td></tr>
<tr><td>自评</td><td colspan="2">综合评价</td><td colspan="5">1. 组织纪律性，遵守实习场所纪律及有关规定
2. 7S 执行情况
3. 专业基础知识与专业操作技能的掌握情况</td><td>10</td><td></td></tr>
<tr><td>互评</td><td colspan="2">综合评价</td><td colspan="5">1. 组织纪律性，遵守实习场所纪律及有关规定
2. 7S 执行情况
3. 专业基础知识与专业操作技能的掌握情况</td><td>10</td><td></td></tr>
<tr><td colspan="8">合　计</td><td>100</td><td></td></tr>
<tr><td>建议</td><td colspan="9"></td></tr>
</table>

学习活动四　百变流水灯程序设计

学习目标

- 掌握C程序的基本结构；
- 掌握MedWin3.0的使用方法；
- 能完成百变流水灯所有效果的程序设计；
- 学会故障排查。

建议学时：8课时；学习地点：单片机实训室

学习过程

一、学习准备

YL-236设备参考书、任务书、教材。

二、引导问题

（1）C程序的基本结构是什么？

（2）for循环和while循环的特点各是什么？

（3）如何进行ms级延时编程？

（4）如何编程可点亮一个 LED 灯？

（5）如何编程可实现闪烁、递亮、递灭、流水效果？

（6）写出设计的花样闪烁效果实现程序。

评价与分析

活动过程评价自评表

班级：__________ 姓名：__________ 学号：______号 ____年___月___日

<table>
<tr><th colspan="2" rowspan="2">评价项目及标准</th><th rowspan="2">权重
(%)</th><th colspan="4">等级评定</th></tr>
<tr><th>A</th><th>B</th><th>C</th><th>D</th></tr>
<tr><td rowspan="6">操作技能</td><td>1. 闪烁效果编程</td><td>10</td><td></td><td></td><td></td><td></td></tr>
<tr><td>2. 递亮效果编程</td><td>10</td><td></td><td></td><td></td><td></td></tr>
<tr><td>3. 递灭效果编程</td><td>10</td><td></td><td></td><td></td><td></td></tr>
<tr><td>4. 流水灯效果编程</td><td>20</td><td></td><td></td><td></td><td></td></tr>
<tr><td>5. 自定义花样闪烁编程</td><td>10</td><td></td><td></td><td></td><td></td></tr>
<tr><td>6. 程序设计合理性</td><td>10</td><td></td><td></td><td></td><td></td></tr>
<tr><td>实习过程</td><td>1. 程序设计优化性
2. 平时出勤情况
3. 查看完成质量
4. 查看完成速度与准确性
5. 每天对工量具的整理、保管及场地卫生清扫情况</td><td>20</td><td></td><td></td><td></td><td></td></tr>
<tr><td>情感态度</td><td>1. 师生互动
2. 良好的劳动习惯
3. 组员的交流、合作
4. 动手操作的兴趣、态度、积极主动性</td><td>20</td><td></td><td></td><td></td><td></td></tr>
<tr><td colspan="2">合 计</td><td>100</td><td colspan="4"></td></tr>
<tr><td>简要评述</td><td colspan="6"></td></tr>
</table>

等级评定：A：优（10），B：好（8），C：一般（6），D：有待提高（4）。

活动过程评价互评表

班级：______________ 姓名：______________ 学号：________号 ______年____月____日

评价项目及标准		权重（%）	等级评定			
			A	B	C	D
操作技能	1. 闪烁效果编程	10				
	2. 递亮效果编程	10				
	3. 递灭效果编程	10				
	4. 流水灯效果编程	20				
	5. 自定义花样闪烁编程	10				
	6. 程序设计合理性	10				
实习过程	1. 程序设计优化性 2. 平时出勤情况 3. 查看完成质量 4. 查看完成速度与准确性 5. 每天对工量具的整理、保管及场地卫生清扫情况	20				
情感态度	1. 师生互动 2. 良好的劳动习惯 3. 组员的交流、合作 4. 动手操作的兴趣、态度、积极主动性	20				
合计		100				
简要评述						

等级评定：A：优（10），B：好（8），C：一般（6），D：有待提高（4）。

活动过程教师评价量表

<table>
<tr><td>班级</td><td></td><td>姓名</td><td></td><td>学号</td><td></td><td>日期</td><td>月　日</td><td>配分</td><td>得分</td></tr>
<tr><td rowspan="5">教师评价</td><td>劳保用品穿戴</td><td colspan="6">严格按《实习守则》要求穿戴好劳保用品</td><td>5</td><td></td></tr>
<tr><td>平时表现评价</td><td colspan="6">1. 出勤情况
2. 纪律情况
3. 积极态度
4. 任务完成质量
5. 良好的习惯，岗位卫生情况</td><td>15</td><td></td></tr>
<tr><td rowspan="2">综合专业技能水平</td><td>基本知识</td><td colspan="5">1. 主机模块、显示模块、电源模块的使用
2. C 语言编程的使用
3. MedWin3.0 软件的使用</td><td>20</td><td></td></tr>
<tr><td>操作技能</td><td colspan="5">1. 能正确使用 MedWin3.0 软件
2. 能正确编写 ms 级延时程序
3. 能正确编程实现花样流水灯的要求效果
4. 能熟练进行程序错误排查</td><td>30</td><td></td></tr>
<tr><td>情感态度评价</td><td colspan="6">1. 互动与团队合作
2. 良好的劳动习惯，注重提高自己的动手能力
3. 动手操作的兴趣、态度、积极主动性</td><td>10</td><td></td></tr>
<tr><td>自评</td><td>综合评价</td><td colspan="6">1. 组织纪律性，遵守实习场所纪律及有关规定
2. 7S 执行情况
3. 专业基础知识与专业操作技能的掌握情况</td><td>10</td><td></td></tr>
<tr><td>互评</td><td>综合评价</td><td colspan="6">1. 组织纪律性，遵守实习场所纪律及有关规定
2. 7S 执行情况
3. 专业基础知识与专业操作技能的掌握情况</td><td>10</td><td></td></tr>
<tr><td colspan="8">合 计</td><td>100</td><td></td></tr>
<tr><td>建议</td><td colspan="9"></td></tr>
</table>

学习活动五　工作小结

学习目标

- 能清晰合理地撰写总结；
- 能有效进行工作反馈与经验交流。

建议课时：2 课时；学习地点：单片机实训室

学习过程

一、学习准备

任务书、数据的对比分析结果、电脑。

二、引导问题

(1) 简单写出本次工作总结的提纲。

(2) 写出工作总结的组成要素及格式要求。

(3) 本次学习任务过程中存在的问题并提出解决方法。

（4）本次学习任务中你做得最好的一项或几项内容是什么？

（5）完成工作总结，提出改进意见。

拓展性学习任务

- 能根据对发光二极管的其他显示要求，完成硬件的连接、程序的编写、调试及运行。

建议课时：机动；学习地点：单片机实训室

拓展任务

实现 8 个发光二极管从两边向中间依次递亮，全亮后从中间向两边依次递灭，循环显示。

（1）选定模块进行硬件接线，画出接线图。

（2）画出程序流程图、编写程序，并调试、运行。

任务二　简易计算器

学习任务描述

（1）能够使用 4×4 矩阵键盘进行两位正整数的加、减、乘、除四则运算。

（2）用液晶显示器 RTC1602 进行显示。

相关资料

一、按键的工作原理及消抖方法

1. 工作原理

独立按键是直接用 I/O 口线构成的按键检测电路，其特点是每个按键单独占用一个 I/O 口，每个按键的工作不会影响其他 I/O 线的状态。独立式按键的典型应用如图 2–1 所示。

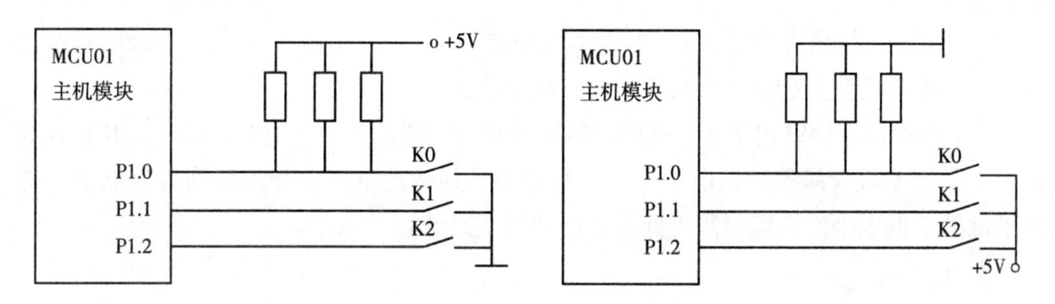

图 2–1　独立式按键的典型应用

2. 抖动过程的原因

目前常用的按键是机械按键，利用机械触点的通断作用，通过机械触点的闭合与断开来实现电压信号高低的输入。机械式开关的闭合与断开的瞬间均有抖动过程，按键抖动过程如图 2–2 所示。

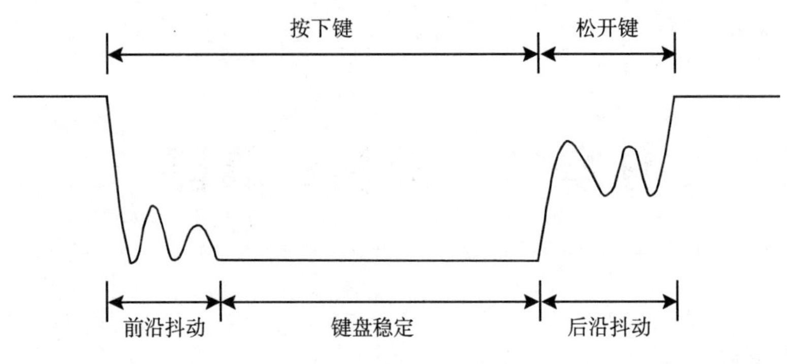

图 2–2 按键抖动过程

3. 消抖的方法

在触点抖动期间检测按键的通断状态，可能导致判断出错，即按键的一次按下或释放被错误地判别为多次按下。因此，需要采取消抖的方法。

消抖的方法
- 硬件消抖：在按键输出端加 R–S 触发器（双稳态触发器）或单稳态触发器去抖动电路。
- 软件消抖：在检测到有按键按下时，执行一个 5~10ms 的延时程序后，若再次检测，仍保持闭合状态电平，则确认该键有效，否则按键无效。

二、键盘扫描方式

1. 逐行扫描法

（1）将全部行线置为低电平，检测列线状态，只要有一列电平为低，则说明有按键按下；如果列线全为高电平，则说明没有按键按下。

（2）在确认有按键按下后，就确定按键的具体位置：依次将行线从第一行开始置为低电平，当某根行线置为低电平后，逐行检测各列线的电平，如果某列为低电平，则按下键处于低电平的行与检测为低电平的列的交叉处。

2. 反转法

矩阵键盘最常使用的是反转法。当使用反转法时，键盘的行、列都要通过上拉电阻连接到+5V。反转法只要经过两步就能确定按下键的行列值。反转法可以节省矩阵键盘识别的扫描次数，对于按键数量较多的矩阵键盘识别尤其有效。

反转法的操作方法有以下几步：

（1）行线输出全为 0，读出列线值。

（2）列线输出上次读入的列线值。

（3）读入行线值，并与前次列线值组合，生成组合码值。根据这个组合码来确定被按下的按键。

三、按键的状态机

将 1 次按键的操作过程分解为 3 个状态，扫描时间间隔为 10ms。如图 2-3 所示。

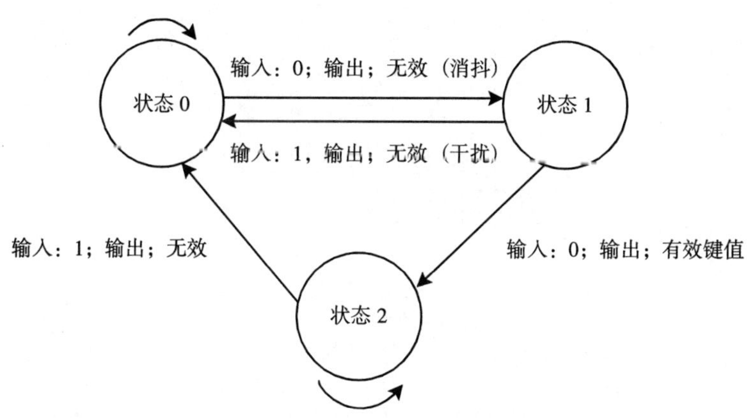

图 2-3 1 次按键的操作过程

状态 0：无按键，空闲状态。

状态 1：有按键按下。

状态 2：连按状态。当按键输入为“1”时，表示无键按下，输入电平为高；当按键输入为“0”时，表示有键按下。

四、RTC1602 介绍

（1）字符型液晶显示模块 RTC1602 是专门用于显示字母、数字、符号等的点阵型液晶显示模块。RTC1602 能够显示两行，每行可以显示 16 个字符。

它主要由 LCD 显示屏、控制器、驱动器和偏压产生电路构成。结构如图 2-4 所示。

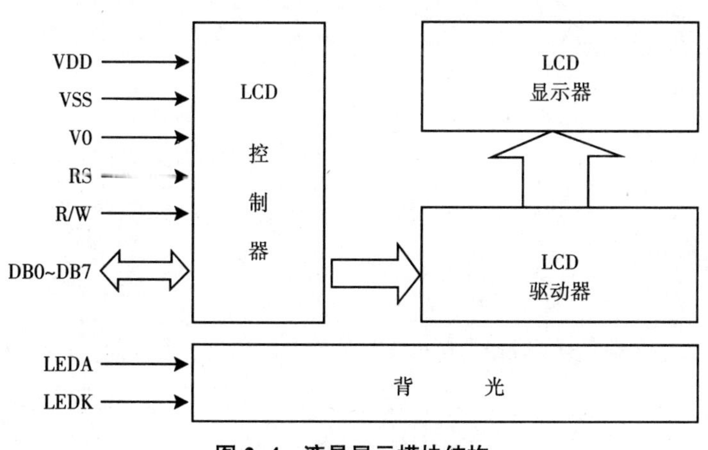

图 2-4 液晶显示模块结构

（2）接口定义（见表 2–1）。

表 2–1 接口定义

管脚号	管脚名称	方向	管脚功能描述
1	VSS	—	电源地（OV）
2	VDD	—	模块电源正极（+5V）
3	V0	—	对比度调节端
4	RS	I	数据/指令寄存器选择端 RS=0：选择指令 RS=1：选择数据
5	R/W	I	读写选择端 R/W=0：写操作；R/W=1：读操作
6	E	I	使能端
7	DB0	I/O	数据线
8	DB1	I/O	数据线
9	DB2	I/O	数据线
10	DB3	I/O	数据线
11	DB4	I/O	数据线
12	DB5	I/O	数据线
13	DB6	I/O	数据线
14	DB7	I/O	数据线
15	LEDA	—	LED 背光源正极（+5V）
16	LEDK	—	LED 背光源负极（OV）

（3）RTC1602 控制寄存器。指令寄存器（IR）、数据寄存器（DR）、忙标志（BF）、地址计数器（AC）、显示数据寄存器（DDRAM）、字符产生器（CGROM）、用户字符产生器（CGRAM）。

（4）RTC1602 指令（见表 2–2）。

表 2–2 RTC1602 指令

命令	RS	R/W	DB7	DB6	DB5	DB4	DB3	DB2	DB1	DB0	功能
清屏	0	0	0	0	0	0	0	0	0	1	清除屏幕显示内容
归位	0	0	0	0	0	0	0	0	1	*	将光标及光标所在位的字符回原点
设置输入模式	0	0	0	0	0	0	0	1	I/D	S	设置光标、显示画面移动方向
显示开关控制	0	0	0	0	1	1	1	D	B	C	设置显示、光标、兴标闪烁的开关
设置显示模式	0	0	0	0	1	1	1	0	0	0	设置显示为 16×2，5×7 的点阵，8 位数据总线
设置数据指针	0	0	80H+地址码（第一行：0~27H；第二行：40~67H）								设置数据指针
读忙标志（BF）	0	1	BF	AC6	AC5	AC4	AC3	AC2	AC1	AC0	指示液晶屏的工作状态
写数据	1	0	数据								往 DDRAM 中写数据
读数据	1	1	数据								从 DDRAM 中读数据

五、C 语言算术运算符

基本的算术运算符功能如表 2–3 所示。

表 2–3 C 语言算术运算符

符 号	功 能
+	加法运算符或正值运算符，如 3+6、+3
–	减法运算符或负值运算符，如 3–6、–6
*	乘法运算符，如 3*5
/	除法运算符，如 3/5
%	取模运算符，或称为求余运算符
++i，--i i++，i--	在使用 i 之前，先使 i 加（减）1 在使用 i 之后，先使 i 加（减）1

任务评价

序号	教学活动	评价内容					权重（%）
		活动成果（40%）	参与度（10%）	安全生产（20%）	劳动纪律（20%）	工作效率（10%）	
1	接受任务，制订计划	查阅信息单	活动记录	工作记录	教学日志	完成时间	10
2	选择所需模块并进行合理布局，分配 I/O 口	工具、量具、设备清单	活动记录	工作记录	教学日志	完成时间	10
3	硬件接线	线路连接	活动记录	工作记录	教学日志	完成时间	20
4	简易计算器程序设计	功能实现	活动记录	工作记录	教学日志	完成时间	50
5	工作小结	总结	活动记录	工作记录	教学日志	完成时间	10
总 计							100

学习活动一　接受任务，制订计划

- 能接受任务，明确任务要求；
- 能根据任务要求分析所需模块；
- 能制订工作计划，合理分工。

建议学时：2 课时；学习地点：单片机实训室

一、学习准备

YL–236 设备参考书、任务书、教材。

二、引导问题

（1）根据任务要求，工作任务由哪几部分组成？

（2）完成各部分功能所需模块及材料。

（3）分组学习各项操作规程和规章制度，小组摘录要点，做好学习记录。

(4) 根据你的分析，安排工作进度，填入下表。

序号	开始时间	结束时间	工作内容	工作要求	备注

(5) 根据小组成员特点完成下表。

小组成员名单	成员特点	小组中的分工	备注

(6) 小组讨论记录（记录人、主持人、日期、内容等要素）。

学习活动二　选择所需模块并进行合理布局，分配 I/O 口

学习目标

- 能正确选择所需模块；
- 能根据任务要求合理布局各模块，分配 I/O 口；
- 能正确选择电路连接过程中所需的工具、量具及设备。

建议学时：2 课时；学习地点：单片机实训室

一、学习准备

YL-236设备参考书、任务书、教材。

二、引导问题

(1) RTC1602如何与单片机I/O口连接，构成模拟操作时序的接口电路。

(2) 矩阵键盘的工作原理。

(3) 列出所需要的模块及材料。

序号	名称	规格	精度	数量	用途
1					
2					
3					
4					
5					
6					
7					

学习活动三　硬件接线

- 能按照“7S”管理规范实施作业；
- 能熟练地对各模块控制线及电源线进行连接。

建议学时：2课时；学习地点：单片机实训室

一、学习准备

YL-236设备参考书、任务书、教材、所需模块、连接线、量具、“7S”管理规范。

二、引导问题

（1）RTC1602液晶显示模块的显示特点是什么？

（2）RTC1602的RS、R/W、E三个端口的功能各是什么？

（3）RTC1602的控制指令有哪些？

（4）使用反转法进行矩阵键盘扫描的步骤有哪些？

（5）按工作内容列出所设参数和所用材料及工量具，填入下表。

工作内容	设置参数	所需材料及工具

评价与分析

活动过程评价自评表

班级：______________ 姓名：______________ 学号：________号 ______年____月____日

评价项目及标准		权重（%）	等级评定			
			A	B	C	D
操作技能	1. 了解 RTC1602 的显示特点	10				
	2. 熟悉 RTC1602 控制端口功能	10				
	3. 掌握 RTC1602 的控制指令	10				
	4. 掌握反转法扫描矩阵键盘	20				
	5. 导线颜色及走线的合理性	10				
实习过程	1. 接线过程是否符合安全规范 2. 平时出勤情况 3. 接线顺序是否正确 4. 每天对工量具的整理、保管及场地卫生清扫情况	20				
情感态度	1. 师生互动 2. 良好的劳动习惯 3. 组员的交流、合作 4. 动手操作的兴趣、态度、积极主动性	20				
合 计		100				
简要评述						

等级评定：A：优（10），B：好（8），C：一般（6），D：有待提高（4）。

活动过程评价互评表

班级：______________ 姓名：______________ 学号：________号 ______年____月____日

评价项目及标准		权重(%)	等级评定			
			A	B	C	D
操作技能	1. 了解 RTC1602 的显示特点	10				
	2. 熟悉 RTC1602 控制端口功能	10				
	3. 掌握 RTC1602 的控制指令	10				
	4. 掌握反转法扫描矩阵键盘	20				
	5. 导线颜色及走线的合理性	10				
实习过程	1. 接线过程是否符合安全规范 2. 平时出勤情况 3. 接线顺序是否正确 4. 每天对工量具的整理、保管及场地卫生清扫情况	20				
情感态度	1. 师生互动 2. 良好的劳动习惯 3. 组员的交流、合作 4. 动手操作的兴趣、态度、积极主动性	20				
合　计		100				
简要评述						

等级评定：A：优（10），B：好（8），C：一般（6），D：有待提高（4）。

活动过程教师评价量表

<table>
<tr><td>班级</td><td colspan="2"></td><td>姓名　　　　学号　　　　日期　　月　日</td><td>配分</td><td>得分</td></tr>
<tr><td rowspan="6">教师评价</td><td colspan="2">劳保用品穿戴</td><td>严格按《实习守则》要求穿戴好劳保用品</td><td>5</td><td></td></tr>
<tr><td colspan="2">平时表现评价</td><td>1. 出勤情况
2. 纪律情况
3. 积极态度
4. 任务完成质量
5. 良好的习惯，岗位卫生情况</td><td>15</td><td></td></tr>
<tr><td rowspan="2">综合专业技能水平</td><td>基本知识</td><td>1. RTC1602 工作原理
2. 反转法扫描矩阵键盘
3. 熟练查阅资料
4. 电工安全规范</td><td>20</td><td></td></tr>
<tr><td>操作技能</td><td>1. 熟悉 RTC1602 控制指令
2. 布线合理、美观</td><td>30</td><td></td></tr>
<tr><td colspan="2">情感态度评价</td><td>1. 互动与团队合作
2. 良好的劳动习惯，注重提高自己的动手能力
3. 动手操作的兴趣、态度、积极主动性</td><td>10</td><td></td></tr>
<tr><td colspan="2">（续）</td><td></td><td></td><td></td></tr>
<tr><td>自评</td><td colspan="2">综合评价</td><td>1. 组织纪律性，遵守实习场所纪律及有关规定
2. 7S 执行情况
3. 专业基础知识与专业操作技能的掌握情况</td><td>10</td><td></td></tr>
<tr><td>互评</td><td colspan="2">综合评价</td><td>1. 组织纪律性，遵守实习场所纪律及有关规定
2. 7S 执行情况
3. 专业基础知识与专业操作技能的掌握情况</td><td>10</td><td></td></tr>
<tr><td colspan="4">合　计</td><td>100</td><td></td></tr>
<tr><td>建议</td><td colspan="5"></td></tr>
</table>

学习活动四　简易计算器程序设计

学习目标

- 能完成控制单元的程序设计；
- 能完成显示单元的程序设计；
- 能完成简易计算器的程序设计；
- 学会故障排查。

建议学时：8 课时；学习地点：单片机实训室

学习过程

一、学习准备

YL-236 设备参考书、任务书、教材。

二、引导问题

（1）RTC1602 液晶模块需要显示哪些参数？

（2）RTC1602 的驱动函数有哪些？

（3）为什么要进行键盘消抖？键盘软件消抖有哪两种方法？

（4）如何处理连按情况？

（5）如何编程实现加减乘除运算？

评价与分析

活动过程评价自评表

班级：______________ 姓名：______________ 学号：________号 ______年____月____日

<table>
<tr><td colspan="2" rowspan="2">评价项目及标准</td><td rowspan="2">权重（%）</td><td colspan="4">等级评定</td></tr>
<tr><td>A</td><td>B</td><td>C</td><td>D</td></tr>
<tr><td rowspan="7">操作技能</td><td>1. 液晶 1602 编程</td><td>20</td><td></td><td></td><td></td><td></td></tr>
<tr><td>2. 指令模块编程</td><td>20</td><td></td><td></td><td></td><td></td></tr>
<tr><td>3. 加法运算编程</td><td>5</td><td></td><td></td><td></td><td></td></tr>
<tr><td>4. 减法运算编程</td><td>5</td><td></td><td></td><td></td><td></td></tr>
<tr><td>5. 乘法运算编程</td><td>5</td><td></td><td></td><td></td><td></td></tr>
<tr><td>6. 除法运算编程</td><td>5</td><td></td><td></td><td></td><td></td></tr>
<tr><td>7. 程序设计合理性</td><td>10</td><td></td><td></td><td></td><td></td></tr>
<tr><td>实习过程</td><td>1. 程序设计优化性
2. 平时出勤情况
3. 查看完成质量
4. 查看完成速度与准确性
5. 每天对工量具的整理、保管及场地卫生清扫情况</td><td>20</td><td></td><td></td><td></td><td></td></tr>
<tr><td>情感态度</td><td>1. 师生互动
2. 良好的劳动习惯
3. 组员的交流、合作
4. 动手操作的兴趣、态度、积极主动性</td><td>10</td><td></td><td></td><td></td><td></td></tr>
<tr><td colspan="2">合 计</td><td>100</td><td colspan="4"></td></tr>
<tr><td>简要评述</td><td colspan="6"></td></tr>
</table>

等级评定：A：优（10），B：好（8），C：一般（6），D：有待提高（4）。

活动过程评价互评表

班级：＿＿＿＿＿＿＿ 姓名：＿＿＿＿＿＿＿ 学号：＿＿＿＿号 ＿＿＿年＿＿月＿＿日

评价项目及标准		权重(%)	等级评定			
			A	B	C	D
操作技能	1. 液晶 1602 编程	20				
	2. 指令模块编程	20				
	3. 加法运算编程	5				
	4. 减法运算编程	5				
	5. 乘法运算编程	5				
	6. 除法运算编程	5				
	7. 程序设计合理性	10				
实习过程	1. 程序设计优化性 2. 平时出勤情况 3. 查看完成质量 4. 查看完成速度与准确性 5. 每天对工量具的整理、保管及场地卫生清扫情况	20				
情感态度	1. 师生互动 2. 良好的劳动习惯 3. 组员的交流、合作 4. 动手操作的兴趣、态度、积极主动性	10				
合 计		100				
简要评述						

等级评定：A：优（10），B：好（8），C：一般（6），D：有待提高（4）。

活动过程教师评价量表

<table>
<tr><td>班级</td><td></td><td>姓名</td><td></td><td>学号</td><td></td><td>日期</td><td>月 日</td><td>配分</td><td>得分</td></tr>
<tr><td rowspan="5">教师评价</td><td>劳保用品穿戴</td><td colspan="6">严格按《实习守则》要求穿戴好劳保用品</td><td>5</td><td></td></tr>
<tr><td>平时表现评价</td><td colspan="6">1. 出勤情况
2. 纪律情况
3. 积极态度
4. 任务完成质量
5. 良好的习惯，岗位卫生情况</td><td>15</td><td></td></tr>
<tr><td rowspan="2">综合专业技能水平</td><td>基本知识</td><td colspan="5">1. 指令模块、显示模块的使用
2. 加减乘除算法的处理
3. C 语言编程的使用</td><td>20</td><td></td></tr>
<tr><td>操作技能</td><td colspan="5">1. 能正确编译按钮功能
2. 能正确编译液晶 1602 功能
3. 能正确编译加减乘除各算法
4. 能熟练进行程序错误排查</td><td>30</td><td></td></tr>
<tr><td>情感态度评价</td><td colspan="6">1. 互动与团队合作
2. 良好的劳动习惯，注重提高自己的动手能力
3. 动手操作的兴趣、态度、积极主动性</td><td>10</td><td></td></tr>
<tr><td>自评</td><td>综合评价</td><td colspan="6">1. 组织纪律性，遵守实习场所纪律及有关规定
2. 7S 执行情况
3. 专业基础知识与专业操作技能的掌握情况</td><td>10</td><td></td></tr>
<tr><td>互评</td><td>综合评价</td><td colspan="6">1. 组织纪律性，遵守实习场所纪律及有关规定
2. 7S 执行情况
3. 专业基础知识与专业操作技能的掌握情况</td><td>10</td><td></td></tr>
<tr><td colspan="8">合 计</td><td>100</td><td></td></tr>
<tr><td>建议</td><td colspan="9"></td></tr>
</table>

学习活动五　工作小结

学习目标

- 能清晰合理地撰写总结；
- 能有效进行工作反馈与经验交流。

建议课时：2课时；学习地点：单片机实训室

一、学习准备

任务书、数据的对比分析结果、电脑。

二、引导问题

（1）请简单写出本次工作总结的提纲。

（2）工作总结的组成要素及格式要求。

（3）本次学习任务过程中存在的问题并提出解决方法。

（4）本次学习任务中你做得最好的一项或几项内容是什么？

（5）完成工作总结，提出改进意见。

拓展性学习任务

学习目标

- 能根据对液晶 1602 的其他控制要求，完成硬件的连接、程序的编写、调试及运行。

建议课时：机动；学习地点：单片机实训室

学习过程

拓展任务

结合前面学习的显示和键盘，我们就能自己制作一个电子密码锁。具体功能要求如下：

（1）通电后，RTC1602 第一行左起显示："Password:"，第二行左起显示闪烁的光标。

（2）当按下矩阵键盘的数字键 0~9 时，RTC1602 第二行左起显示"*"，再次按数字键，在第一个"*"后面接着显示"*"，依次类推，RTC1602 最多显示 6 个"*"。当输完 6 位密码后，再按下数字键，蜂鸣器响 1s 提示操作无效。

（3）当按下删除键时，将删除最右边的一位密码。

（4）当按下确定键后，将输入密码与设定密码进行比较，如果密码正确，RTC1602 第一行居中显示"Welcome"，第二行居中显示"coder lock"；如果密码错误，RTC1602

清屏，蜂鸣器响 1s 提示操作无效。

1）选定模块进行硬件接线，画出接线图。

2）画出程序流程图、完成程序编写、调试、运行。

任务三　数字电子温度计

学习任务描述

使用 LM35 温度传感器采集当前环境温度，将数据通过 ADC0809 进行模数转换，最后在数码管上将结果显示出来，要求精确到小数点后一位，例如，30.5（单位：℃）。

相关资料

一、数字式温度传感器

1. 概念

数字式温度传感器就是能把温度物理量，通过温度、湿度敏感元件和相应电路转换成方便计算机、plc、智能仪表等数据采集设备直接读取得数字量的传感器。

2. 工作原理

开始供电时，数字温度传感器处于能量关闭状态，供电后用户通过改变寄存器分辨率使其处于连续转换模式或者单一转换模式。在连续转换模式下，数字温度传感器连续转换温度并将结果存于温度寄存器中，读温度寄存器中的内容不影响其温度转换；在单一转换模式下，数字温度传感器执行一次温度转换，结果存于温度寄存器中，然后回到关闭模式。

二、模拟式温度传感器

模拟式温度传感器，是利用物质各种物理性质随温度变化的规律，把温度转换为电量的传感器。常用的温度传感器 LM35 为 TO-92 封装，实物与电路符号如图 3-1 所示。

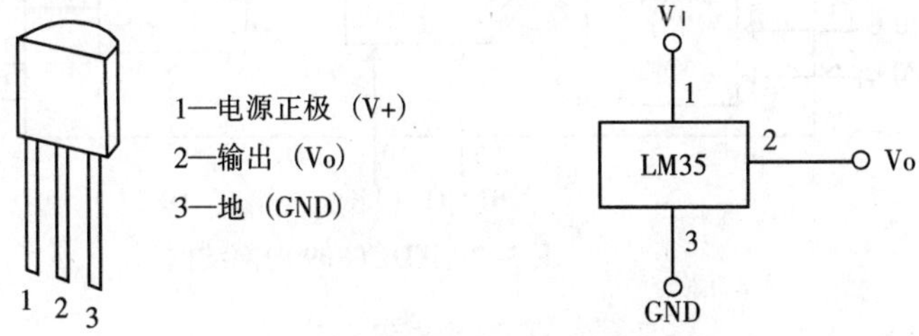

图 3-1　常用的温度传感器电路符号

输出电压与被测温度的关系如下：

UO = 10mV/℃ × T℃ = 0.01 × T（V）

其中，T 为示当前测试温度；UO 为 LM35 输出电压值。

三、ADC0809 芯片工作原理

模数转换（ADC）也称为模拟—数字转换，是将连续的模拟量通过转换器转换成数字量。实现模数转换器称为 A/D 转换器，ADC0809 就是常用的一种 A/D 转换器。其芯片如图 3-2 所示。

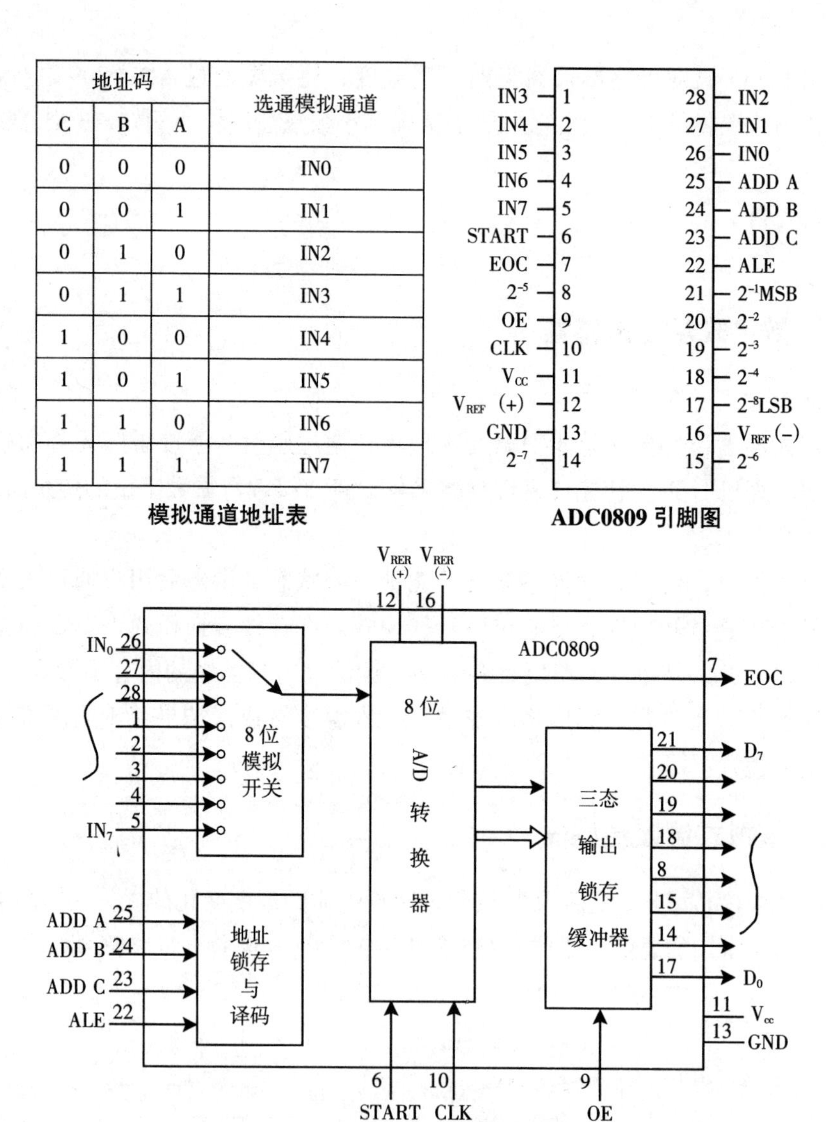

地址码			选通模拟通道
C	B	A	
0	0	0	IN0
0	0	1	IN1
0	1	0	IN2
0	1	1	IN3
1	0	0	IN4
1	0	1	IN5
1	1	0	IN6
1	1	1	IN7

模拟通道地址表

图 3-2　ADC0809 内部结构

首先确定 3 位地址（CBA），ALE 变高后，将地址存入地址锁存器中。此地址经译码选通 8 路模拟输入之一到转换器。在本项目中，将 ADD A、ADD B、ADD C 直接与地相连，因此我们选通 IN0。START 上升沿将逐次逼近寄存器复位，下降沿启动 A/D 转换，之后 EOC 输出信号变低，指示转换正在进行。直到 A/D 转换完成，EOC 变为高电平，指示 A/D 转换结束，结果数据已存入锁存器，这个信号可用作中断申请。当 OE 输入高电平时，输出三态门打开，转换结果的数字量输出到数据总线上。

四、数码显示器的工作原理

1. 数码管的结构（见图 3–3）

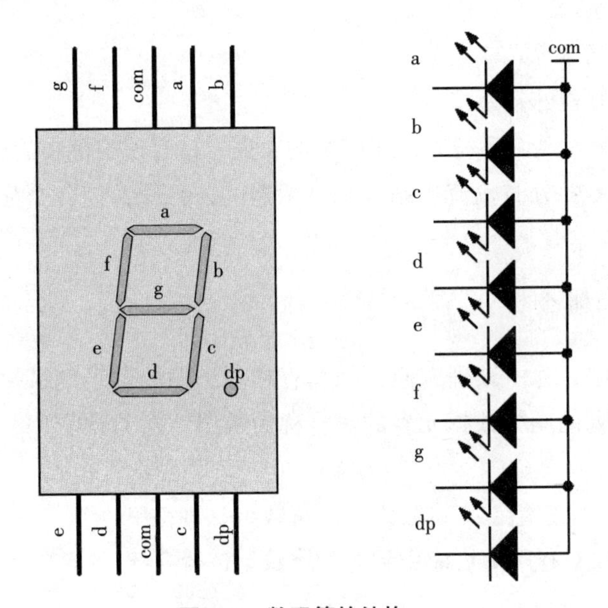

图 3–3 数码管的结构

数码管各段与数据位对应关系如表 3–1 所示。

表 3–1 数码管各段与数据位对应关系

D7	D6	D5	D4	D3	D2	D1	D0
dp	g	f	e	d	c	b	a

2. 共阳极数码管的段码

常用段选码如表 3–2 所示。

表 3–2 常用段选码

显示字符	共阳极段选码	显示字符	共阳极段选码
0	C0H	9	90H
1	F9H	A	88H
2	A4H	B	83H
3	B0H	C	C6H
4	99H	D	A1H
5	92H	E	86H
6	82H	F	8EH
7	F8H	无显示	FFH
8	6FH		

3. 数码管的显示方式

数码管显示方式可分为：

静态显示：显示某个字符时，相应段的发光二极管处于恒定的导通和截止状态。

动态扫描显示：分时轮流控制各个显示器的公共端，使各个显示器轮流点亮。点亮时间极为短暂。

五、数组的概念

在程序设计中，为了处理方便，把具有相同类型的若干变量按有序的形式组织起来。这些按序排列的同类数据元素的集合称为数组。在 C 语言中，数组属于构造数据类型。

数组分为：一维数组、二维数组、字符数组、字符串 。

在此，我们仅对程序中可能用到的一维数组进行介绍。

1. 一维数组的定义

定义： 数组是有序数据（必须是相同的数据类型结构）的集合。

格式： 类型说明符数组名［常量表达式］。

例如：int a［10］表示数组名为 a，有 10 个元素，并且每个元素的类型都是 int 型的。

2. 一维数组元素的初始化

有下列方法初始化：

（1）在定义数组时，对数组元素赋初值。例如，int a［10］ = {0，1，2，3，4，5，6，7，8，9}；等价于 a［0］= 0，a［1］ = 1，•••a［9］ = 9。

（2）可以只给一部分元素赋初值。例如，int a［10］ = {0，1，2，3，4}；表示只给数组的前 5 个元素赋初值，后 5 个元素的值，系统自动默认为 0 。

（3）在对全部数组元素赋初值时，可以不指定数组长度。例如， int a［5］ = {0，1，2，3，4}； 可以改写为： int a［ ］ = {0，1，2，3，4}。

但是，int a [10] = {0，1，2，3，4}；不能改写为：int a [ ] = {0，1，2，3，4}。

3. 一维数组的引用

数组必须先定义后使用。C 语言规定：只能逐个引用数组元素，而不能一次引用整个数组。数组的引用形式为：数组名 [下标]。

其中，下标可以是整型常量也可以是整型表达式。例如，led = a [2]。

任务评价

序号	教学活动	评价内容					权重(%)
		活动成果(40%)	参与度(10%)	安全生产(20%)	劳动纪律(20%)	工作效率(10%)	
1	接受任务，制订计划	查阅信息单	活动记录	工作记录	教学日志	完成时间	10
2	选择所需模块并进行合理布局，分配 I/O 口	工具、量具、设备清单	活动记录	工作记录	教学日志	完成时间	10
3	对电子温度计进行硬件接线	线路连接	活动记录	工作记录	教学日志	完成时间	20
4	数字电子温度计程序设计	效果呈现	活动记录	工作记录	教学日志	完成时间	50
5	工作小结	总结	活动记录	工作记录	教学日志	完成时间	10
总计							100

学习活动一　接受任务，制订计划

学习目标

- 能接受任务，明确任务要求；
- 能根据任务要求分析所需模块；
- 能制订工作计划，合理分工。

建议学时：2 课时；学习地点：单片机实训室

学习过程

一、学习准备

YL-236 设备参考书、任务书、教材。

二、引导问题

（1）根据任务要求，工作任务由哪几部分组成？

（2）完成各部分功能所需模块及材料。

（3）分组学习各项操作规程和规章制度，小组摘录要点并做好学习记录。

（4）根据你的分析，安排工作进度，填入下表。

序号	开始时间	结束时间	工作内容	工作要求	备注

（5）根据小组成员特点完成下表。

小组成员名单	成员特点	小组中的分工	备注

(6) 小组讨论记录（记录人、主持人、日期、内容等要素）。

学习活动二 选择所需模块并进行合理布局，分配 I/O 口

学习目标

- 能正确选择所需模块；
- 能根据任务要求合理布局各模块，分配 I/O 口；
- 能正确选择电路连接过程中所需的工具、量具及设备。

建议学时：2 课时；学习地点：单片机实训室

学习过程

一、学习准备

YL-236 设备参考书、任务书、教材。

二、引导问题

(1) LM35 温度传感器采集温度信息后，以什么形式输出结果？ADC0809 能够识别什么类型的输入量？

(2) 数码管的显示原理是什么？

(3) 各模块间应是怎样的连接关系？单片机 I/O 口如何分配？

(4) 列出所需要的模块及材料。

序号	名称	规格	精度	数量	用途
1					
2					
3					
4					
5					
6					
7					
8					

学习活动三　对电子温度计进行硬件接线

学习目标

- 能按照“7S”管理规范实施作业；
- 能熟练地对各模块控制线及电源线进行连接。

建议学时：2 课时；学习地点：单片机实训室

学习过程

一、学习准备

YL-236 设备参考书、任务书、教材、所需模块、连接线、量具、“7S”管理规范。

二、引导问题

(1) ADC0809 各端口的功能是什么？应如何连接？

（2）数码管的 CS1、CS2、WR 三个控制端的功能是什么？

（3）LM35 的输出电压与被测温度的关系如何？

（4）各模块的电源线、控制线应如何连接？

（5）按工作内容列出所设参数和所用材料及工具。

工作内容	设置参数	所需材料及工量具

评价与分析

活动过程评价自评表

班级：＿＿＿＿＿＿　姓名：＿＿＿＿＿＿　学号：＿＿＿＿号　＿＿＿年＿＿月＿＿日

评价项目及标准		权重（%）	等级评定			
			A	B	C	D
操作技能	1. ADC0809各端口的正确连接	30				
	2. 数码管各端口的正确连接	20				
	3. 各类连接线颜色及走线的合理性	10				
实习过程	1. 接线过程是否符合安全规范 2. 平时出勤情况 3. 接线顺序是否正确 4. 每天对工量具的整理、保管及场地卫生清扫情况	20				
情感态度	1. 师生互动 2. 良好的劳动习惯 3. 组员的交流、合作 4. 动手操作的兴趣、态度、积极主动性	20				
合 计		100				
简要评述						

等级评定：A：优（10），B：好（8），C：一般（6），D：有待提高（4）。

活动过程评价互评表

班级：＿＿＿＿＿＿　姓名：＿＿＿＿＿＿　学号：＿＿＿＿号　＿＿＿年＿＿月＿＿日

评价项目及标准		权重（%）	等级评定			
			A	B	C	D
操作技能	1. ADC0809各端口的正确连接	30				
	2. 数码管各端口的正确连接	20				
	3. 各类连接线颜色及走线的合理性	10				
实习过程	1. 接线过程是否符合安全规范 2. 平时出勤情况 3. 接线顺序是否正确 4. 每天对工量具的整理、保管及场地卫生清扫情况	20				
情感态度	1. 师生互动 2. 良好的劳动习惯 3. 组员的交流、合作 4. 动手操作的兴趣、态度、积极主动性	20				
合 计		100				
简要评述						

等级评定：A：优（10），B：好（8），C：一般（6），D：有待提高（4）。

活动过程教师评价量表

<table>
<tr><td>班级</td><td></td><td>姓名</td><td></td><td>学号</td><td></td><td>日期</td><td>月 日</td><td>配分</td><td>得分</td></tr>
<tr><td rowspan="6">教师评价</td><td>劳保用品穿戴</td><td colspan="6">严格按《实习守则》要求穿戴好劳保用品</td><td>5</td><td></td></tr>
<tr><td>平时表现评价</td><td colspan="6">1. 出勤情况
2. 纪律情况
3. 积极态度
4. 任务完成质量
5. 良好的习惯，岗位卫生情况</td><td>15</td><td></td></tr>
<tr><td rowspan="2">综合专业技能水平</td><td>基本知识</td><td colspan="5">1. LM35 工作原理
2. ADC0809 工作原理
3. 数码管显示原理
4. 熟练查阅资料
5. 电工安全规范</td><td>30</td><td></td></tr>
<tr><td>操作技能</td><td colspan="5">1. 能正确进行各模块间的连接
2. 布线合理、美观</td><td>20</td><td></td></tr>
<tr><td>情感态度评价</td><td colspan="6">1. 互动与团队合作
2. 良好的劳动习惯，注重提高自己的动手能力
3. 动手操作的兴趣、态度、积极主动性</td><td>10</td><td></td></tr>
<tr><td>综合评价</td><td colspan="6">1. 组织纪律性，遵守实习场所纪律及有关规定
2. 7S 执行情况
3. 专业基础知识与专业操作技能的掌握情况</td><td>10</td><td></td></tr>
<tr><td>自评</td><td>综合评价</td><td colspan="6">1. 组织纪律性，遵守实习场所纪律及有关规定
2. 7S 执行情况
3. 专业基础知识与专业操作技能的掌握情况</td><td>10</td><td></td></tr>
<tr><td>互评</td><td>综合评价</td><td colspan="6">1. 组织纪律性，遵守实习场所纪律及有关规定
2. 7S 执行情况
3. 专业基础知识与专业操作技能的掌握情况</td><td>10</td><td></td></tr>
<tr><td colspan="8">合 计</td><td>100</td><td></td></tr>
<tr><td>建议</td><td colspan="9"></td></tr>
</table>

学习活动四　数字电子温度计程序设计

学习目标

- 能完成 ADC0809 模数转换的程序设计；
- 能完成数码管显示单元的程序设计；
- 能完成计算被测温度的程序设计；
- 学会故障排查。

建议学时：8 课时 ；学习地点：单片机实训室

学习过程

一、学习准备

YL–236 设备参考书、任务书、教材。

二、引导问题

（1）如何编写 ADC0809 模数转换程序？

（2）什么是数码管动态显示？如何实现编程？

（3）数码管动态显示程序与测量读取温度程序的时序如何处理？

（4）如何计算出被测温度并精确到小数点后一位？

活动过程评价自评表

班级：______________ 姓名：______________ 学号：________号 ______年____月____日

评价项目及标准		权重（%）	等级评定			
			A	B	C	D
操作技能	1. 温度读取功能编程	20				
	2. 数码管动态显示编程	20				
	3. 中断编程	10				
	4. 计算被测温度编程	10				
	5. 程序设计合理性	10				
实习过程	1. 程序设计优化性 2. 平时出勤情况 3. 查看完成质量 4. 查看完成速度与准确性 5. 每天对工量具的整理、保管及场地卫生清扫情况	20				
情感态度	1. 师生互动 2. 良好的劳动习惯 3. 组员的交流、合作 4. 动手操作的兴趣、态度、积极主动性	10				
合 计		100				
简要评述						

等级评定：A：优（10），B：好（8），C：一般（6），D：有待提高（4）。

活动过程评价互评表

班级：____________ 姓名：____________ 学号：________号 ______年____月____日

评价项目及标准		权重(%)	等级评定			
			A	B	C	D
操作技能	1. 温度读取功能编程	20				
	2. 数码管动态显示编程	20				
	3. 中断编程	10				
	4. 计算被测温度编程	10				
	5. 程序设计合理性	10				
实习过程	1. 程序设计优化性 2. 平时出勤情况 3. 查看完成质量 4. 查看完成速度与准确性 5. 每天对工量具的整理、保管及场地卫生清扫情况	20				
情感态度	1. 师生互动 2. 良好的劳动习惯 3. 组员的交流、合作 4. 动手操作的兴趣、态度、积极主动性	10				
合 计		100				
简要评述						

等级评定：A：优（10），B：好（8），C：一般（6），D：有待提高（4）。

活动过程教师评价量表

<table>
<tr><td>班级</td><td colspan="2"></td><td>姓名　　　　学号　　　　日期　　　　月　日</td><td>配分</td><td>得分</td></tr>
<tr><td rowspan="6">教师评价</td><td colspan="2">劳保用品穿戴</td><td>严格按《实习守则》要求穿戴好劳保用品</td><td>5</td><td></td></tr>
<tr><td colspan="2">平时表现评价</td><td>1. 出勤情况
2. 纪律情况
3. 积极态度
4. 任务完成质量
5. 良好的习惯，岗位卫生情况</td><td>15</td><td></td></tr>
<tr><td rowspan="2">综合专业技能水平</td><td>基本知识</td><td>1. LM35、ADC0809、数码管显示模块的使用
2. 利用中断处理时序
3. C 语言编程的使用</td><td>20</td><td></td></tr>
<tr><td>操作技能</td><td>1. 能正确编译读取温度功能
2. 能正确编译数码管动态显示功能
3. 能正确编译计算被测温度功能
4. 能正确编译中断功能
5. 能熟练进行程序错误排查</td><td>30</td><td></td></tr>
<tr><td colspan="2">情感态度评价</td><td>1. 互动与团队合作
2. 良好的劳动习惯，注重提高自己的动手能力
3. 动手操作的兴趣、态度、积极主动性</td><td>10</td><td></td></tr>
<tr style="display:none"></tr>
<tr><td>自评</td><td colspan="2">综合评价</td><td>1. 组织纪律性，遵守实习场所纪律及有关规定
2. 7S 执行情况
3. 专业基础知识与专业操作技能的掌握情况</td><td>10</td><td></td></tr>
<tr><td>互评</td><td colspan="2">综合评价</td><td>1. 组织纪律性，遵守实习场所纪律及有关规定
2. 7S 执行情况
3. 专业基础知识与专业操作技能的掌握情况</td><td>10</td><td></td></tr>
<tr><td colspan="4">合　计</td><td>100</td><td></td></tr>
<tr><td>建议</td><td colspan="5"></td></tr>
</table>

学习活动五　工作小结

学习目标

- 能清晰合理地撰写总结；
- 能有效进行工作反馈与经验交流。

建议课时：2 课时；学习地点：单片机实训室

一、学习准备

任务书、数据的对比分析结果、电脑。

二、引导问题

（1）简单写出本次工作总结的提纲。

（2）写出工作总结的组成要素及格式要求。

（3）本次学习任务过程中存在的问题并提出解决方法。

（4）本次学习任务中你做得最好的一项或几项内容是什么？

（5）完成工作总结，提出改进意见。

拓展性学习任务

- 能根据对 ADC0809 不同的控制要求，完成硬件的连接、程序的编写、调试及运行。

建议课时：机动；学习地点：单片机实训室

拓展任务

利用 ADC0809，模拟数字电压表，将可调电压源的输出电压值在数码管上显示出来，要求显示到小数点后一位，例如，2.6V。

（1）选定模块进行硬件接线，画出接线图。

（2）画出程序流程图、完成程序编写、调试、运行。

任务四　智能小车

学习任务描述

一、系统介绍

1. 按键部分

6 个独立按键分别完成以下功能：0—“自动/手动”；1—“前进”；2—“暂停”；3—“后退”；4—“运行”；5—“返回”。

2. 显示部分

（1）利用 TG12864 显示相关信息。

（2）使用发光二极管 LED0~LED5 显示小车的位置。

运行时，小车往返于始发地和目的地之间。“LED0”亮，表示小车位于始发地；“LED5”亮，表示小车位于目的地。“LED1”、“LED2”、“LED3”、“LED4”表示小车位于始发地、目的地间等距离的 4 个点的位置指示灯，由此全程分为 5 个等距离段。

使用发光二极管“LED7”为电源指示灯，系统上电后亮。

3. 运动控制部分

小车的前进和倒退，用直流电机的正反转模拟。

二、智能往返小车控制要求

1. 开机界面

系统上电后，LED7 亮，LED0 亮（小车位于始发地），蜂鸣器响 0.5 秒，同时 TG12864 开机界面如图 4–1 所示。

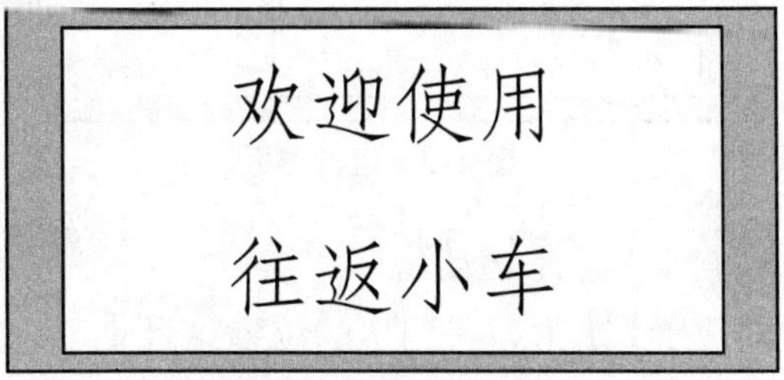

欢迎使用

往返小车

图 4–1　TG12864 开机界面

在 TG12864 第一行显示“欢迎使用”，第二行显示“往返小车”，信息上下、左右居中显示，开机界面保持 10 秒。要求显示字体为宋体 18，此字体下对应的汉字点阵为：宽×高=24×24。

除了开机界面外，以下所有界面，显示字体均为宋体 12，此字体下对应的汉字点阵为：宽×高=16×16；数字、字符的点阵为：宽×高=8×16。

2. 预置模式

显示开机界面 10 秒后，自动进入预置界面如图 4–2 所示。

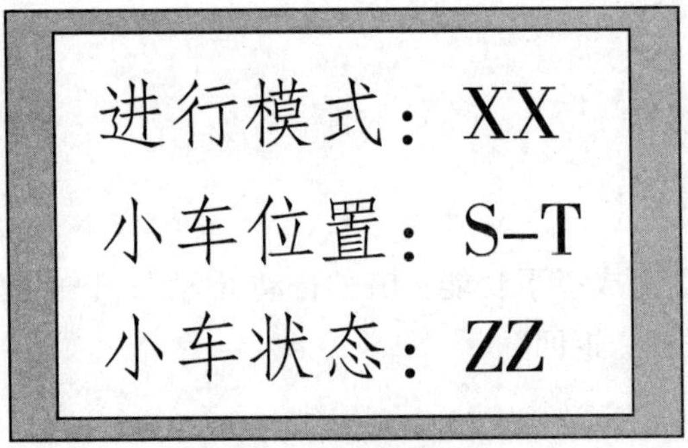

进行模式：XX

小车位置：S–T

小车状态：ZZ

图 4–2　预置界面

“自动/手动”、“运行”2 个键有效，其他 4 个键无效，功能如下：

按下“自动/手动”键 1 次，预置界面“XX”将在“自动”、“手动”间切换 1 次。

按下“运行”键，进入运行界面。

3. 运行模式

(1) 运行界面。预置模式下，点击“运行”键，小车开始动作，系统进入运行界面，如图 4–3 所示。

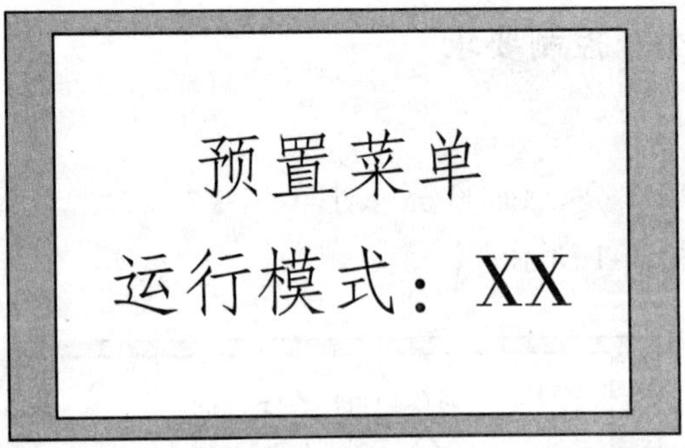

预置菜单

运行模式：XX

图 4–3　运行界面

XX 为先前预置的“自动”或“手动”。

S–T：S 为刚经过的位置，T 为即将到达的位置。且小车在始发地停留时，S–T 显示为“0”，小车在目的地停留时，S–T 显示为“5”，由 LED3 处开往 LED4 处时，显示为 3-4；由 LED5 处开往 LED4 处时，显示为 5-4。

ZZ 显示为“前进”、“后退”或“暂停”。当小车从始发地开往目的地时，ZZ 为“前进”；当小车从目的地开往始发地时，ZZ 为“后退”；小车停止显示为“暂停”。所有信息尽量居中显示。

（2）自动模式下运行和操控。

1）自动模式下运行。小车在始发地（LED0 亮）停留 3 秒后，出发开往（前进）目的地，经过 4 秒到达 LED1 处，LED0 灭，LED1 亮。以此类推，“LED0”~“LED5”逐个依次点亮，每个时刻只有一个 LED 亮，相邻 LED 之间的转换时间为 4 秒。小车到目的地（LED5 亮）后也停留 3 秒，开始返回（后退）始发地，过程同上述一样，如此反复。

2）自动模式下操控。在自动运行模式下，“返回”、“暂停”、“运行”键有效，其他键无效。

按“暂停”键，小车暂停，ZZ 变为“暂停”，系统记忆小车的运行方向（前进或后退）和小车位置（包括已运行时间）。

暂停状态时，按下“运行”键，小车在原小车位置（包括已运行时间）以原方向和速度继续运行，ZZ 恢复为“前进”或“后退”。

按“返回”键，小车停止，界面回到预置菜单，可重新设定运行模式（手动/自动），同时系统记忆小车的运行方向（前进或后退）和小车位置（包括已运行时间）。返回后，按下“运行”键，小车以新设定的运行模式（可能由“自动模式”切换到“手动模式”）运行。

除以上按键外，其他按键在自动模式下的运行模式中无效。

（3）手动运行模式下操控。在手动运行模式下，“前进”、“后退”和“返回”3 个键有效，其他键无效。

按下“前进”键，小车运行方向为“始发地”→“目的地”，松开按键即停止，按下该键累计时达 4 秒，小车运行距离为全程 1/5，相应位置指示 LED 亮，到达终点时，小车停止，若“前进”键未弹起，蜂鸣器声响提示操作错误。

按下“后退”键，小车运行方向为“目的地”→“始发地”，松开按键即停止，按下该键累计时达 4 秒，小车运行距离为全程 1/5，相应位置指示 LED 亮，回到始发地时，小车停止，若“后退”键未弹起，蜂鸣器声响提示操作错误。

按“返回”键，小车停止，界面回到预置菜单，可重新设定运行模式（手动/自动），同时系统记忆小车的运行方向（前进或后退）和小车位置（包括已运行时间）。返回后，按下“运行”键，小车以新设定的运行模式（可能由“手动模式”切换到“自动模式”）运行。

手动模式下小车到达“始发地”、“目的地”不自动停留。

除以上按键外，其他按键在手动模式下的运行界面中无效。

在任何模式下，“LED0” ~ “LED5” 和液晶屏 TG12864 的显示也要实时反应小车运行轨迹。

相关资料

一、TG12864 液晶工作原理

1. TG12864 的结构

TG12864 是一种图形点阵液晶显示器，它主要由行驱动器/列驱动器及 128× 64 全点阵液晶显示器组成。可显示图形，也可显示 8×4 个（16×16 点阵）汉字。TG12864 模块照片如图 4-4 所示。

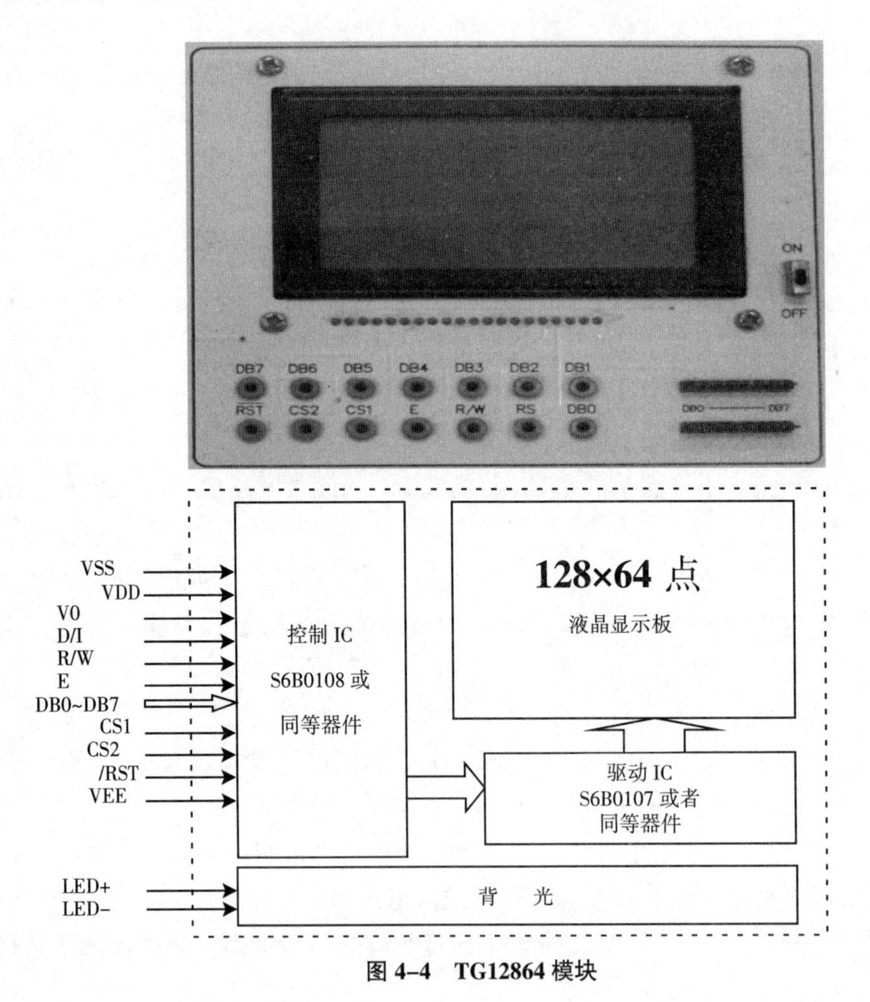

图 4-4 TG12864 模块

TG12864 由 S6B0108、6B0107、128×64 点液晶显示板、背光构成。S6B0108 是 TG12864 的控制驱动器，S6B0107 是 G12864 的行、列驱动控制器。控制好 S6B0108、

S6B0107 就能使 TG12864 进行显示。

2. TG12864 的控制寄存器

（1）指令寄存器（IR）。IR 是用来寄存指令码，与数据寄存器寄存数据相对应。当 RS=1 时，在 E 信号的下降沿的作用下，指令码写入 IR 中。

（2）数据寄存器（DR）。DR 是用来寄存数据的，与指令寄存器寄存指令相对应。当 RS=0 时，在 E 信号的下降沿的作用下，图形显示数据写入 DR，或在 E 信号高电平的作用下由 DR 读到 DB7~DB0 数据总线上。DR 和 DDRAM 之间的数据传输是模块内部自动执行的。

（3）忙标志（BF）。BF 标志提供内部工作情况。BF=1 表示模块在进行内部操作，此时模块不接受外部指令和数据。BF=0 表示模块为准备状态，随时可接受外部指令和数据。利用读取状态指令，可以将 BF 读到 DB7，从而检验模块的工作状态。

（4）显示控制触发器（DFF）。此触发器是用于模块屏幕显示开和关的控制。DFF=1 为开显示，DDRAM 的内容就显示在屏幕上，DFF=0 为关显示。

（5）XY 地址计数器。XY 地址计数器是一个 9 位计数器。高 3 位是 X 地址计数器，低 6 位为 Y 地址计数器，XY 地址计数器实际上是作为 DDRAM 的地址指针，X 地址计数器是 DDRAM 的页指针，Y 地址计数器是 DDRAM 的列指针。X 地址计数器是没有计数功能的，只能用指令设置。Y 地址计数器具有循环计数的功能，各显示数据写入后，Y 地址自动加 1，Y 地址指针从 0~63。

（6）显示数据 RAM（DDRAM）。DDRAM 是储存图形显示数据的。数据为 1 表示显示选择，数据为 0 表示显示非选择。DDRAM 地址和显示位置关系见表 4–1。

表 4–1　DDRAM 地址和显示位置关系

CS1=1						CS2=1					
Y=	0	1	...	62	63	0	1	...	62	63	行号
X=0 ↓ X=7	DB0 ↓ DB7	DB0 ↓ DB7	DB0 ↓ DB7	DB0 ↓ DB7	DB0 ↓ DB7	DB0 ↓ DB7	DB0 ↓ DB7	DB0 ↓ DB7	DB0 ↓ DB7	DB0 ↓ DB7	0 ↓ 7
	DB0 ↓ DB7	DB0 ↓ DB7	DB0 ↓ DB7	DB0 ↓ DB7	DB0 ↓ DB7	DB0 ↓ DB7	DB0 ↓ DB7	DB0 ↓ DB7	DB0 ↓ DB7	DB0 ↓ DB7	8 ↓ 55
	DB0 ↓ DB7	DB0 ↓ DB7	DB0 ↓ DB7	DB0 ↓ DB7	DB0 ↓ DB7	DB0 ↓ DB7	DB0 ↓ DB7	DB0 ↓ DB7	DB0 ↓ DB7	DB0 ↓ DB7	56 ↓ 63

（7）Z 地址计数器。Z 地址计数器是一个 6 位计数器，此计数器有循环计数的功能，它是用于显示行扫描同步。当一行扫描完成，此地址计数器自动加 1，指向下一行扫描数据，RST 复位后 Z 地址计数器为 0。

Z 地址计数器用指令“设置显示开始线”预置。因此，显示屏幕的起始行就由此指令控制，即 DDRAM 的数据从哪一行开始显示在屏幕的第一行。TG12864 模块的

DDRAM 共 64 行，屏幕可以循环滚动显示 64 行。

3. TG12864 的显示原理

（1）根据表 4-1 “TG12864 的 DDRAM 地址表”， 向显示数据 RAM 某单元写入的一个字节数据，将在显示屏对应位置显示纵向 8 个像素点的图像。

（2）由于 TG12864 本身不带字库，必须使用取模软件获取要显示的汉字、英文字符、数字的编码数据（字模），并将这些编码数据存放在单片机的程序存储器中，程序将这些数据写入 TG12864 的显示数据 RAM 中进行显示。

（3）使用字模提取 V2.2 时，在“文字输入区”输入某种字体的汉字、英文字符、数字后（见图 4-5）；在“参数设置/其他选项”中，选中“纵向取模”、“字节倒序”（见图 4-6）；确定后，在“取模方式”中选择“C51 格式”，软件将自动生成字模数据，如图 4-7 所示，将该字模数据复制粘贴到程序中即可。

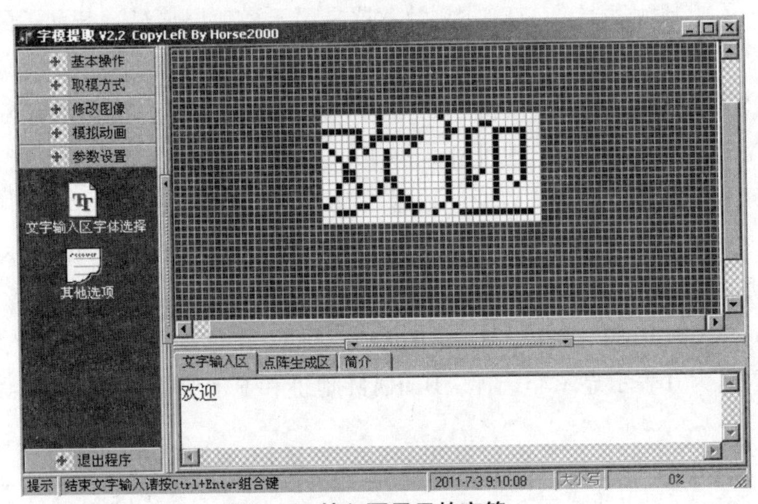

图 4-5　输入要显示的字符

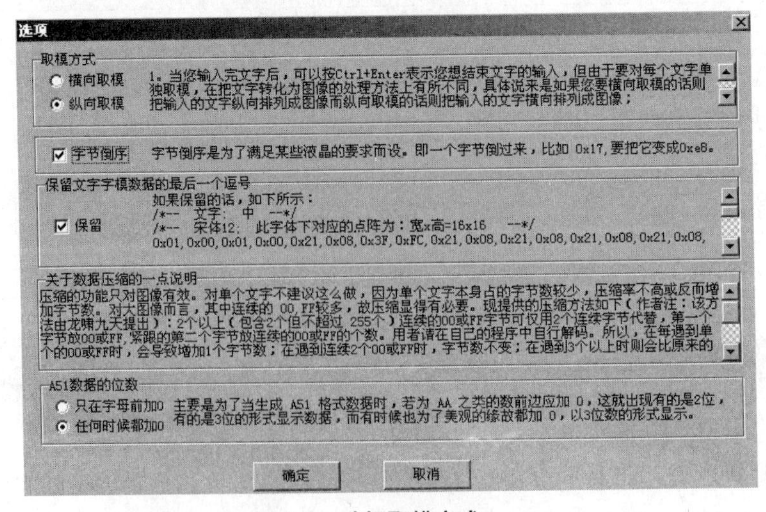

图 4-6　选择取模方式

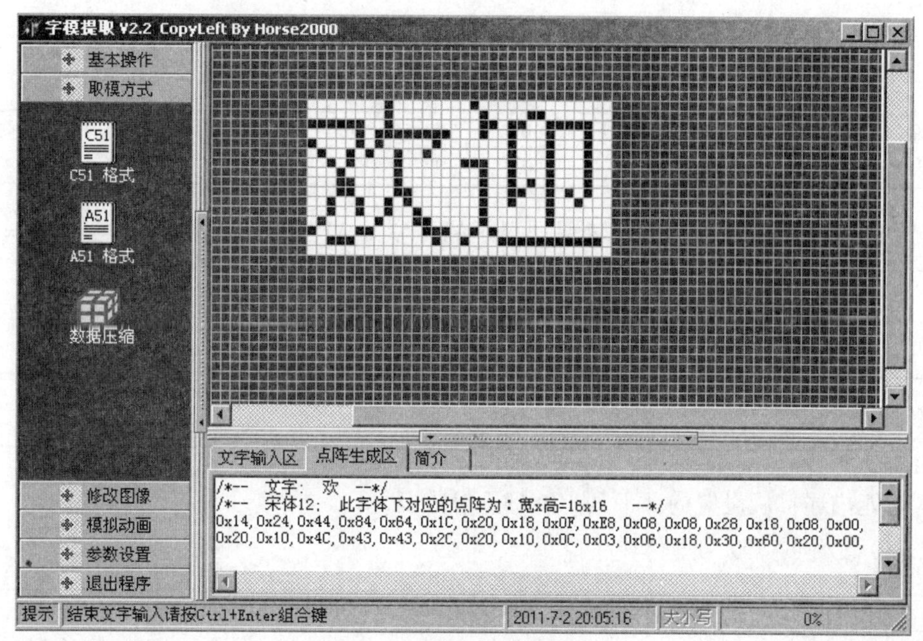

图 4-7　自动生成字模数据

4. 液晶显示模 TG12864 的接口定义（见表 4-2）

表 4-2　液晶显示模 TG12864 的接口定义

管脚号	管脚名称	电平	管脚功能描述
1	VSS	0V	电源地
2	VDD	+5V	模块电源正极
3	V0	—	液晶显示对比度调节
4	D/I	H/L	寄存器与显示内存操作选择
5	R/W	H/L	CPU 读写控制信号
6	E	H/L	读写使能信号
7	DB0	H/L	数据线
8	DB1	H/L	数据线
9	DB2	H/L	数据线
10	DB3	H/L	数据线
11	DB4	H/L	数据线
12	DB5	H/L	数据线
13	DB6	H/L	数据线
14	DB7	H/L	数据线
15	CS1	H/L	左半屏片选信号，高电平有效
16	CS2	H/L	右半屏片选信号，高电平有效
17	/RST	H/L	复位信号，低电平有效
18	VEE	—	由模块内部提供液晶驱动电压
19	LED+	+5V	LED 背光源正极输入
20	LED−	0V	LED 背光源负极输入

5. TG12864 的指令系统

（1）开/关显示。

命令	RS	R/W	DB7	DB6	DB5	DB4	DB3	DB2	DB1	DB0
开关显示	0	0	0	0	1	1	1	1	1	1/0

功能描述：控制 TG12864 液晶屏显示的开/关。当 DB0=0，关显示。当 DB0=1，开显示。

（2）设置列（Y）地址。

命令	RS	R/W	DB7	DB6	DB5	DB4	DB3	DB2	DB1	DB0
设置 Y 地址	0	0	0	1	Y 地址（0~63）					

功能描述：从设置的那一列（0~63）开始显示。

（3）设置页（X）地址。

命令	RS	R/W	DB7	DB6	DB5	DB4	DB3	DB2	DB1	DB0
设置 X 地址	0	0	1	0	1	1	1	页（0~7）		

功能描述：从设置的那一页（0~7）开始显示。

（4）设置显示开始线（Z）。

命令	RS	R/W	DB7	DB6	DB5	DB4	DB3	DB2	DB1	DB0
显示开始线	0	0	1	1	显示开始线（0~63）					

功能描述：从设置的那一行（0~63）开始显示。显示起始线由 Z 地址计数器控制。本条命令就是将 DB5~DB0 这 6 位地址数据送入到 Z 地址计数器中，起始行可以是 0~63 中的任意一行。

（5）读取状态。

命令	RS	R/W	DB7	DB6	DB5	DB4	DB3	DB2	DB1	DB0
读取状态	0	1	BF	0	开/关	复位	0	0	0	0

功能描述：读取模块工作状态。当 RS=0、R/W=1 时，在 E=1 的作用下，状态分别输出到数据总线（DB7~DB0）的相应位。

BF 在前面已经介绍过［见忙标志 BF］。

开/关：表示 DFF 触发器的状态［显示控制触发器 DFF］。

复位：为 1 表示模块内部正在进行初始化，此时模块不接受任何指令和数据。

（6）写入显示数据。

命令	RS	R/W	DB7	DB6	DB5	DB4	DB3	DB2	DB1	DB0
写入显示数据	1	0	写数据							

功能描述：将显示数据（DB7~DB0）写入相应的 DDRAM 单元，Y 地址指针自动加 1。在执行此条命令前，要先设置 X 地址和 Y 地址。

（7）读取显示数据。

命令	RS	R/W	DB7	DB6	DB5	DB4	DB3	DB2	DB1	DB0
读取显示数据	1	1	读数据							

功能描述：将 DDRAM 中的内容（DB7~DB0）读到数据总线 DB7~DB0，Y 地址指针自动加 1。在执行此条命令前，要先设置 X 地址和 Y 地址。

二、直流电机工作原理正反转控制方法

可利用 H 桥电路实现对直流电机正反转的控制，工作原理如图 4-8 所示。

当 K1B 闭合，而 K2B 断开时，为电动机 M 输入正向电压，电动机正转。

当 K1B 断开，而 K2B 闭合时，为电动机 M 输入反向电压，电动机反转。

当 K1B 和 K2B 都断开时，电动机不转。

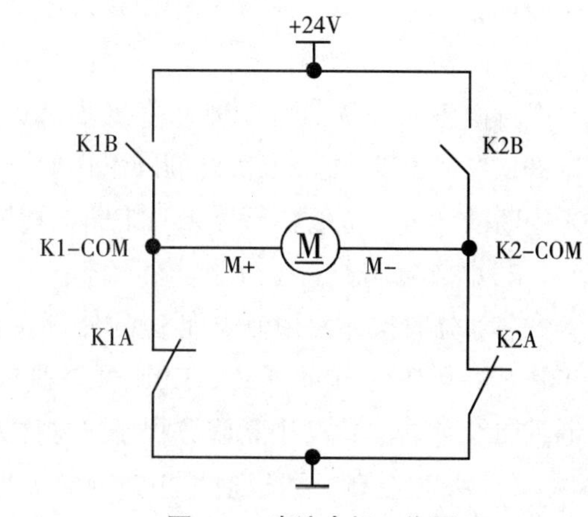

图 4-8　直流电机工作原理

三、电磁式蜂鸣器工作原理

蜂鸣器发声原理是电流通过电磁线圈，使电磁线圈产生磁场来驱动振动膜发声，因此需要一定的电流才能驱动它，单片机 IO 引脚输出的电流较小，单片机输出的 TTL 电平基本上驱动不了蜂鸣器，因此需要增加一个电流放大的电路。S51 单片机实验板通过一个三极管 C8550 来放大驱动蜂鸣器，原理如图 4-9 所示。

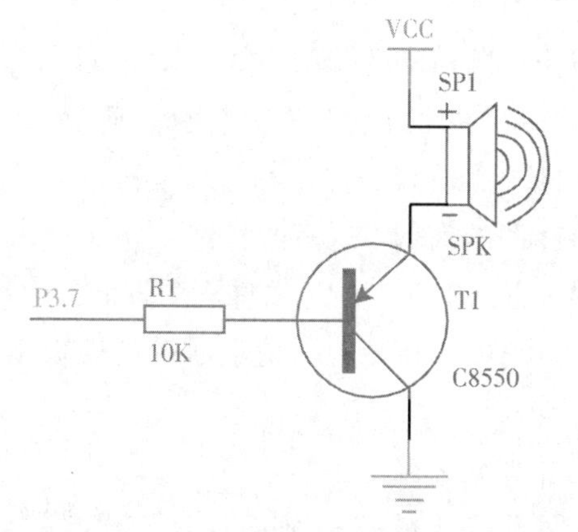

图 4-9　S51 单片机实验板蜂鸣器驱动原理

如图 4–9 所示，蜂鸣器的正极接到 VCC（+5V）电源上，蜂鸣器的负极接到三极管的发射极 E，三极管的基级 B 经过限流电阻 R1 后由单片机的 P3.7 引脚控制，当 P3.7 输出高电平时，三极管 T1 截止，没有电流流过线圈，蜂鸣器不发声；当 P3.7 输出低电平时，三极管导通，这样蜂鸣器的电流形成回路，发出声音。因此，可以通过程序控制 P3.7 脚的电平来使蜂鸣器发出声音和关闭。

程序中改变单片机 P3.7 引脚输出波形的频率，就可以调整控制蜂鸣器音调，产生各种不同音色、音调的声音。另外，改变 P3.7 输出电平的高低电平占空比，可以控制蜂鸣器声音的大小。

四、中断定时功能介绍

（一）AT89S52 单片机的中断系统

1. 中断的概念

所谓中断，就是当 CPU 正在处理某项事务的时候，如果外界或者内部发生了紧急事件，要求 CPU 暂停正在处理的工作而去处理这个紧急事件，待处理完后，再回到原来中断的地方，继续执行原来被中断的程序，这个过程称作中断。

2. 中断的优点

（1）分时操作。CPU 与低速的外部设备交换信息时，可以分时命令多个外设同时工作，在外设工作的同时，CPU 可以执行主程序，当外设完成工作时向 CPU 申请中断，CPU 才转去执行中断服务程序，这样大大提高了 CPU 工作效率。

（2）实时处理。可以通过中断响应实时处理环境变化。

（3）故障处理。CPU 可以通过中断自行处理运行过程中无法预料的故障问题。

3. 中断源

发出中断请求的源头（如某设备或事件）称为中断源。

51 系列单片机有 6 个中断源，其中两个外部中断（INT0、INT1）、三个定时器/计数器中断（T0、T1、T2）和一个串行口中断。

中断源的判别方式有两种：

（1）查询中断。通过软件逐个查询各中断源的中断请求标志。

（2）向量中断。中断请求通过优先级排队电路，一旦响应则转向对应的向量地址执行。

4. 中断优先级

中断优先级越高，则响应优先权就越高。当 CPU 正在执行中断服务程序时，又有比中断优先级更高的中断申请产生，这时 CPU 就会暂停当前的中断服务转而处理高级中断申请，待高级中断申请处理程序完毕再返回原中断程序断点处继续执行，这一过程称为中断嵌套。

5. 中断源、入口地址、C 语言程序格式（见表 4-3）

表 4-3 中断源、入口地址、C 语言程序格式

序号	中断源	中断向量	中断服务程序格式
1	外部中断 0（INT0）	0003H	interrupt 0
2	定时器/计数器 T0 中断	000BH	interrupt 1
3	外部中断 1（INT1）	0013H	interrupt 2
4	定时器/计数器 T1 中断	001BH	interrupt 3
5	串行口中断	0023H	interrupt 4
6	定时器/计数器 T2 中断	002BH	interrupt 5

6. C 语言中断服务函数格式说明

为了便于用 C 语言编写单片机中断服务程序，C51 译码器也支持单片机的中断服务程序，而且用 C 言编写中断服务程序比汇编语言方便得多。C 语言写中断服务函数的格式如下：

函数类型 函数名（形式参数列表） interrupt n [using m]

其中，interrupt 后面的 n 是中断编号，取值范围是 0~5；using 后面的 m 表示使用的工作寄存器组号，取值范围是 0~3，若不声明 using 项，默认用第 0 组工作寄存器。

例如，定时器 T0 的中断服务函数：

void time_0（void） interrupt 1

（二）AT89S52 单片机定时器/计数器

AT89S52 单片机有 3 个 16 位内部定时器/计数器（T0、T1、T2），这里主要介绍 T0、T1，它们分别由 2 个 8 位计数器组成。T0 由 TH0（高 8 位）、TL0（低 8 位）构成；T1 由 TH1（高 8 位）、TL1（低 8 位）构成。

如果是计数内部晶振驱动时钟，则它是定时器；如果是计数单片机输入引脚的脉冲信号，则它是计数器。

1. 模式介绍

（1）定时器模式。设置为定时器模式时，加 1 计数器是对内部机器周期计数（1 个机器周期等于 12 个振荡周期，即计数频率为晶振频率的 1/12）。计数值 N 乘以机器周期 Tcy 就是定时时间 t。当晶振为 12MHz 时，计数频率为 1MHz，每 1μs 计数值加 1。

（2）设置为计数器模式时，外部事件计数脉冲由 T0（P3.4）或 T1（P3.5）引脚输入计数器。当 T0 或 T1 引脚上的负跳变时计数器加 1。识别引脚上的负跳时需要 2 个机器周期，即 24 个振荡周期。所以 T0 或 T1 引脚输入的可计数外部脉冲的最高频率为 fosc/24。当晶振为 12MHz 时，最高计数频率为 500KHz，高于此频率计数将出错。

2. 定时器/计数器的相关寄存器

（1）定时器/计数器的方式寄存器（TMOD）。

GATE：门控位。用来确定对应的外部中断请求引脚是否参与 T0 或 T1 的操作控制。

当 GATE=0 时，只要定时器/计数器控制寄存器（TCON）中的 TR0 或 TR1 为 1，T0 或 T1 被允许开始计数。

当 GATE=1 时，不仅要 TCON 中的 TR0 或 TR1 为 1，还要 P3 口的/INT0 或/INT1 引脚为 1 才允许开始计数。

C/T：计数器或定时器选择位。

C/T=1 时，T0 或 T1 为计数器模式。

C/T=0 时，T0 或 T1 为定时器模式。

M1 和 M0：工作方式选择位。

51 单片机的定时器/计数器四种工作方式，由 M1、M0 状态确定，见表 4-4。

表 4-4　单片机的工作方式及功能

M1	M0	工作方式	功　能
0	0	0	为 13 位定时器/计数器，TL 存低 5 位，TH 存高 8 位
0	1	1	为 16 位定时器/计数器
1	0	2	常数自动装入的 8 位定时器/计数器
1	1	3	仅适用与 T0，两个 8 位定时器/计数器

（2）定时器/计数器控制寄存器（TCON）。

1）TF1/TF0：溢出标志位。

当 T0 或 T1 溢出时，硬件置位（TF1/TF0=1），并向 CPU 申请中断。

当 CPU 响应中断时，由硬件清除（TF1/TF0=0）。

2）TR1/TR0：运行控制位。

当 TR1/TR0=1 时，启动 T0 或 T1。

当 TR1/TR0=0 时，关闭 T0 或 T1。

3）IE1/IE0：外部中断请求标志。

当外部信号产生中断时，由硬件置位（IE1/IE0=1）。

当 CPU 响应中断时，由硬件清除（IE1/IE0=0）。

4）IT1/IT0：外部中断 0、1 的触发方式选择位，由软件设置。

当 IT1/IT0=1 时，下降沿触发方式。/INT0 或/INT1 引脚上从高到低的负跳变可引起中断。

当 IT1/IT0=0 时，电平触发方式。/INT0 或/INT1 引脚上低电平可引起中断。

3. 中断系统相关寄存器

（1）中断允许寄存器（IE）。

1）EA：中断总开关控制位。EA=1 时，CPU 开中断；EA=0 时，CPU 关中断。

2）ET2、ES、ET1、EX1、ET0、EX0 分别为 T2、串口、T1、外部中断 1、T0、外部中断 0 的中断开关控制位，置 1 时允许该项中断，清 0 时禁止该项中断产生。

3）要使单片机某项中断有效，必须使 EA 为 1，同时该项中断开关控制也为 1。

D7	D6	D5	D4	D3	D2	D1	D0
EA	—	ET2	ES	ET1	EX1	ET0	EX0

（2）中断优先级寄存器（IP）。

1）51 单片机的 6 个中断源可以被设为两个不同的级别，CPU 先响应中断级别高的中断源。中断优先级通过中断优先级寄存器 IP 中相应位的状态来设定。

2）PT2、PS、PT1、PX1、PT0、PX0 分别为 T2、串口、T1、外部中断 1、T0、外部中断 0 的中断优先级控制位，各项置 1 时为高级中断，清 0 时为低级中断。

D7	D6	D5	D4	D3	D2	D1	D0
—	—	—	PS	PT1	PX1	PT0	PX0

4. 定时器/计数器的初始化

在使用定时器/计数器前，应对它进行初始化，主要是对 TMOD 和 TCON 编程，还需计算和装载计数初值。一般完成下列几个步骤：

（1）确定定时器/计数器的工作方式：设定 TMOD。

（2）计算计数初始值，并装载到 TH 和 TL 中。

（3）定时器/计数器在中断方式工作时，必须使 EA 为 1，同时定时器中断开关控制也为 1。

（4）启动定时器/计数器——编程 TCON 中的 TR1 或 TR0 位。

5. 定时器计数初始值的计算

（1）当 fosc=12MHz 时，计算定时器计数初始值。

当工作在定时器模式下，定时器/计数器是对机器周期脉冲计数的，一个机器周期为12/ fosc=1μS，则定时器不同方式下的最大定时时间如下：

方式 0：13 位定时器最大定时间隔=213×1μs=8.192ms。

方式 1：16 位定时器最大定时间隔=216×1μs=65.536ms。

方式 2：8 位定时器最大定时间隔=28×1μs=256ms。

若 T0 工作在方式 1，要求定时 1ms，计算计数初值。如设计数初值为 x，则：

(216–x) × 1μs=1000μs

即 x=216 1000

可计数得到 65536–1000=64536=0xfc18。因此，TH0=0xfc，TL0=0x18。

（2）当 fosc=11.0592MHz 时，计算定时器计数初始值。

1）当 fosc=11.0592MHz 时，一个机器周期为 12/ fosc=12/11.0592μs，如工作在方式 1，要定时 t（us），设计数初始值为 x，则：

(216–x）×12/11.0592μs = t，即：

x=216−11.0592t/12

2）例如，T0 工作在方式 1，要求定时 10ms，则 x=216−110592/12，数据（216−110592/12）在单片机中存储时，占用 2 个字节，等效于（−110592/12），先将（−110592/12）强制转换为 uint 类型数据，再将其拆分为高、低 8 位，编译时可产生最精简汇编语句，提高定时精度。

3）因此，装载定时器计数初始值的 C51 语句为：

```
TL0 = (uint) (−110592/12) %256;      //去掉（uint），将导致计算结果误！
TH0 = (uint) (−110592/12) /256;
```

任务评价

序号	教学活动	评价内容					权重（%）
		活动成果（40%）	参与度（10%）	安全生产（20%）	劳动纪律（20%）	工作效率（10%）	
1	接受任务，制订计划	查阅信息单	活动记录	工作记录	教学日志	完成时间	10
2	选择所需模块并进行合理布局，分配 I/O 口	工具、量具、设备清单	活动记录	工作记录	教学日志	完成时间	10
3	硬件接线	线路连接	活动记录	工作记录	教学日志	完成时间	20
4	智能小车程序设计	功能实现	活动记录	工作记录	教学日志	完成时间	50
5	工作小结	总结	活动记录	工作记录	教学日志	完成时间	10
总　计							100

学习活动一　接受任务，制订计划

学习目标

- 能接受任务，明确任务要求；
- 能根据任务要求分析所需模块；
- 能制订工作计划，合理分工。

建议学时：2 课时；学习地点：单片机实训室

一、学习准备

YL–236 设备参考书、任务书、教材。

二、引导问题

（1）根据任务要求，工作任务由哪几部分组成？

（2）写出完成各部分功能所需模块及材料。

（3）分组学习各项操作规程和规章制度，小组摘录要点并做好学习记录。

（4）根据你的分析，安排工作进度，填入下表。

序号	开始时间	结束时间	工作内容	工作要求	备注

（5）根据小组成员特点完成下表。

小组成员名单	成员特点	小组中的分工	备注

(6) 小组讨论记录（小组记录需有：记录人、主持人、日期、内容等要素）。

学习活动二　选择所需模块并进行合理布局，分配 I/O 口

学习目标

- 能正确选择所需模块；
- 能根据任务要求合理布局各模块，分配 I/O 口；
- 能正确选择电路连接过程中所需的工具、量具及设备。

建议学时：2 课时；学习地点：单片机实训室

学习过程

一、学习准备

YL-236 设备参考书、任务书、教材。

二、引导问题

(1) 如何实现电机正反转功能，控制小车往返运行？

(2) 独立按键的工作原理是什么？

（3）如何实现报警功能？

（4）将所需模块及材料填入下表。

序号	名称	规格	精度	数量	用途
1					
2					
3					
4					
5					
6					
7					

学习活动三　硬件接线

学习目标

- 能按照“7S”管理规范实施作业；
- 能熟练地对各模块控制线及电源线进行连接。

建议学时：2课时；学习地点：单片机实训室

学习过程

一、学习准备

YL–236设备参考书、任务书、教材、所需模块、连接线、量具、“7S”管理规范。

二、引导问题

（1）“H桥”电路连接方法有哪些？

（2）液晶显示器 TG12864 的接口定义和连接方法有哪些？

（3）蜂鸣器的连接和控制方法有哪些？

（4）TG12864 字模的取模方法有哪些？

（5）按工作内容列出所设参数和所用材料及工量具。

工作内容	设置参数	所需材料及工量具

评价与分析

活动过程评价自评表

班级：__________　姓名：__________　学号：______号　______年____月____日

评价项目及标准		权重(%)	等级评定			
			A	B	C	D
操作技能	1. 掌握 H 桥的连接方法	20				
	2. 了解 TG12864 的接口定义	10				
	3. 掌握 TG12864 的控制指令	10				
	4. 了解 TG12864 字模的取模方法	10				
	5. 导线颜色及走线的合理性	10				
实习过程	1. 接线过程是否符合安全规范 2. 平时出勤情况 3. 接线顺序是否正确 4. 每天对工量具的整理、保管及场地卫生清扫情况	20				
情感态度	1. 师生互动 2. 良好的劳动习惯 3. 组员的交流、合作 4. 动手操作的兴趣、态度、积极主动性	20				
合　计		100				
简要评述						

等级评定：A：优（10），B：好（8），C：一般（6），D：有待提高（4）。

活动过程评价互评表

班级：______________ 姓名：______________ 学号：________号 ______年____月____日

<table>
<tr><td colspan="2" rowspan="2">评价项目及标准</td><td rowspan="2">权重
(%)</td><td colspan="4">等级评定</td></tr>
<tr><td>A</td><td>B</td><td>C</td><td>D</td></tr>
<tr><td rowspan="5">操作
技能</td><td>1. 掌握 H 桥的连接方法</td><td>20</td><td></td><td></td><td></td><td></td></tr>
<tr><td>2. 了解 TG12864 的接口定义</td><td>10</td><td></td><td></td><td></td><td></td></tr>
<tr><td>3. 掌握 TG12864 的控制指令</td><td>10</td><td></td><td></td><td></td><td></td></tr>
<tr><td>4. 了解 TG12864 字模的取模方法</td><td>10</td><td></td><td></td><td></td><td></td></tr>
<tr><td>5. 导线颜色及走线的合理性</td><td>10</td><td></td><td></td><td></td><td></td></tr>
<tr><td>实习
过程</td><td>1. 接线过程是否符合安全规范
2. 平时出勤情况
3. 接线顺序是否正确
4. 每天对工量具的整理、保管及场地卫生清扫情况</td><td>20</td><td></td><td></td><td></td><td></td></tr>
<tr><td>情感
态度</td><td>1. 师生互动
2. 良好的劳动习惯
3. 组员的交流、合作
4. 动手操作的兴趣、态度、积极主动性</td><td>20</td><td></td><td></td><td></td><td></td></tr>
<tr><td colspan="2">合 计</td><td>100</td><td colspan="4"></td></tr>
<tr><td>简要
评述</td><td colspan="6"></td></tr>
</table>

等级评定：A：优（10），B：好（8），C：一般（6），D：有待提高（4）。

活动过程教师评价量表

<table>
<tr><td>班级</td><td></td><td colspan="2">姓名　　　　学号　　　　日期　　　　月　日</td><td>配分</td><td>得分</td></tr>
<tr><td rowspan="5">教师评价</td><td>劳保用品穿戴</td><td colspan="2">严格按《实习守则》要求穿戴好劳保用品</td><td>5</td><td></td></tr>
<tr><td>平时表现评价</td><td colspan="2">1. 出勤情况
2. 纪律情况
3. 积极态度
4. 任务完成质量
5. 良好的习惯，岗位卫生情况</td><td>15</td><td></td></tr>
<tr><td rowspan="2">综合专业技能水平</td><td>基本知识</td><td>1. H 桥电路实现电机正反转控制
2. TG12864 工作原理
3. 熟练查阅资料
4. 电工安全规范</td><td>20</td><td></td></tr>
<tr><td>操作技能</td><td>1. 掌握 H 桥连接方法
2. 熟悉 TG12864 操作方法
3. 布线合理、美观</td><td>30</td><td></td></tr>
<tr><td>情感态度评价</td><td colspan="2">1. 互动与团队合作
2. 良好的劳动习惯，注重提高自己的动手能力
3. 动手操作的兴趣、态度、积极主动性</td><td>10</td><td></td></tr>
<tr><td>自评</td><td>综合评价</td><td colspan="2">1. 组织纪律性，遵守实习场所纪律及有关规定
2. 7S 执行情况
3. 专业基础知识与专业操作技能的掌握情况</td><td>10</td><td></td></tr>
<tr><td>互评</td><td>综合评价</td><td colspan="2">1. 组织纪律性，遵守实习场所纪律及有关规定
2. 7S 执行情况
3. 专业基础知识与专业操作技能的掌握情况</td><td>10</td><td></td></tr>
<tr><td colspan="4">合　计</td><td>100</td><td></td></tr>
<tr><td>建议</td><td colspan="5"></td></tr>
</table>

学习活动四　智能小车程序设计

学习目标

- 能完成控制单元的程序设计；
- 能完成显示单元的程序设计；
- 能完成小车运动模块的程序设计；
- 学会故障排查。

建议学时：16课时；学习地点：单片机实训室

学习过程

一、学习准备

YL–236设备参考书、任务书、教材。

二、引导问题

（1）TG12864液晶显示模块需要显示哪些信息？

（2）本任务中各有几种系统状态、电机状态、运行模式？

（3）自动控制与手动控制在程序设计上应如何实现？

（4）如何实现 3s 计时及电机全程 20s 计时？

（5）设置状态时按键功能、运行状态时暂停按键、暂停中恢复运行功能在流程中应如何处理？

评价与分析

活动过程评价自评表

班级：______ 姓名：______ 学号：______号 ______年____月____日

评价项目及标准		权重（%）	等级评定			
			A	B	C	D
操作技能	1. 电机模块编程	10				
	2. 指令模块编程	10				
	3. TG12864 液晶模块编程	20				
	4. 手动模式编程	10				
	5. 自动模式编程	10				
	6. 程序设计合理性	10				
实习过程	1. 程序设计优化性 2. 平时出勤情况 3. 查看完成质量 4. 查看完成速度与准确性 5. 每天对工量具的整理、保管及场地卫生清扫情况	20				
情感态度	1. 师生互动 2. 良好的劳动习惯 3. 组员的交流、合作 4. 动手操作的兴趣、态度、积极主动性	10				
合计		100				
简要评述						

等级评定：A：优（10），B：好（8），C：一般（6），D：有待提高（4）。

活动过程评价互评表

班级：______________ 姓名：______________ 学号：________号 ______年____月____日

评价项目及标准		权重(%)	等级评定			
			A	B	C	D
操作技能	1. 电机模块编程	10				
	2. 指令模块编程	10				
	3. TG12864 液晶模块编程	20				
	4. 手动模式编程	10				
	5. 自动模式编程	10				
	6. 程序设计合理性	10				
实习过程	1. 程序设计优化性 2. 平时出勤情况 3. 查看完成质量 4. 查看完成速度与准确性 5. 每天对工量具的整理、保管及场地卫生清扫情况	20				
情感态度	1. 师生互动 2. 良好的劳动习惯 3. 组员的交流、合作 4. 动手操作的兴趣、态度、积极主动性	10				
合 计		100				
简要评述						

等级评定：A：优（10），B：好（8），C：一般（6），D：有待提高（4）。

活动过程教师评价量表

<table>
<tr><td>班级</td><td></td><td>姓名</td><td></td><td>学号</td><td></td><td>日期</td><td>月 日</td><td>配分</td><td>得分</td></tr>
<tr><td rowspan="5">教师评价</td><td>劳保用品穿戴</td><td colspan="6">严格按《实习守则》的要求穿戴好劳保用品</td><td>5</td><td></td></tr>
<tr><td>平时表现评价</td><td colspan="6">1. 出勤情况
2. 纪律情况
3. 积极态度
4. 任务完成质量
5. 良好的习惯，岗位卫生情况</td><td>15</td><td></td></tr>
<tr><td rowspan="2">综合专业技能水平</td><td>基本知识</td><td colspan="5">1. 指令模块的使用
2. 显示模块的使用
3. C 语言编程的使用</td><td>20</td><td></td></tr>
<tr><td>操作技能</td><td colspan="5">1. 能正确编译按钮功能
2. 能正确编译液晶 TG12864 功能
3. 能正确编译电机正反转功能
4. 能对程序流程正确分析设计
5. 能熟练进行程序错误排查</td><td>30</td><td></td></tr>
<tr><td>情感态度评价</td><td colspan="6">1. 互动与团队合作
2. 良好的劳动习惯，注重提高自己的动手能力
3. 动手操作的兴趣、态度、积极主动性</td><td>10</td><td></td></tr>
<tr><td>自评</td><td>综合评价</td><td colspan="6">1. 组织纪律性，遵守实习场所纪律及有关规定
2. 7S 执行情况
3. 专业基础知识与专业操作技能的掌握情况</td><td>10</td><td></td></tr>
<tr><td>互评</td><td>综合评价</td><td colspan="6">1. 组织纪律性，遵守实习场所纪律及有关规定
2. 7S 执行情况
3. 专业基础知识与专业操作技能的掌握情况</td><td>10</td><td></td></tr>
<tr><td colspan="8">合 计</td><td>100</td><td></td></tr>
<tr><td>建议</td><td colspan="9"></td></tr>
</table>

学习活动五　工作小结

学习目标

- 能清晰合理地撰写总结；
- 能有效进行工作反馈与经验交流。

建议课时：2 课时；学习地点：单片机实训室

学习过程

一、学习准备

任务书、数据的对比分析结果、电脑。

二、引导问题

(1) 简单写出本次工作总结的提纲。

(2) 写出工作总结的组成要素及格式要求。

(3) 本次学习任务过程中存在的问题并提出解决方法。

（4）本次学习任务中你做得最好的一项或几项内容是什么？

（5）完成工作总结，提出改进意见。

拓展性学习任务

学习目标

- 能根据对直流电机的其他控制要求，完成硬件的连接、程序的编写、调试及运行。

建议课时：机动；学习地点：单片机实训室

学习过程

拓展任务

在本课题任务原功能基础上增加一个功能：钮子开关 SA1 打到上面，小车运行速度为高速（24V 驱动）；钮子开关 SA1 打到下面，小车运行速度为低速（12V 驱动）。

（1）选定模块进行硬件接线，画出接线图。

（2）画出程序流程图、完成程序编写、调试、运行。

任务五　步进电机跟踪定位

学习任务描述

使用三个按钮 K1、K2、K3，不管游标在何位置，按 K1，游标立即移向 0mm 处；按 K2，游标立即移向 60mm 处；按 K3，游标立即移向 120mm 处。在 1602 液晶屏上实时显示步进电机脉冲计数、电机移动方向、目标位置。要求步进电机在开机或 MCU 收到复位指令时，能够让位移装置的游标移动到 0 刻度线处；要求步进电机具备保护功能，在任何情况下，游标不会移过限位位置。

相关资料

一、步进电动机的分类

作为执行元件，步进电机是机电一体化的关键产品之一，被广泛应用在各种自动化控制系统中。随着微电子和计算机技术的发展，步进电机的需求量与日俱增，在各个国民经济领域都有应用。

步进电机是一种将电脉冲转化为角位移的执行机构。当步进驱动器接收到一个脉冲信号，它就驱动步进电机按设定的方向转动一个固定的角度（称为“步距角”），它的旋转是以固定的角度一步一步运行的。可以通过控制脉冲个数来控制角位移量，从而达到准确定位的目的；同时也可以通过控制脉冲频率来控制电机转动的速度和加速度，从而达到调速的目的。步进电机可以作为一种控制用的特种电机，利用其没有积累误差（精度为 100%）的特点，被广泛应用于各种开环控制。

现在比较常用的步进电机包括反应式步进电机（VR）、永磁式步进电机（PM）、混合式步进电机（HB）和单相式步进电机等。

永磁式步进电机一般为两相，转矩和体积较小，步距角一般为 7.5° 或 15°。

反应式步进电机一般为三相，可实现大转矩输出，步距角一般为 1.5°，但噪声和振动都很大。反应式步进电机的转子磁路由软磁材料制成，定子上有多相励磁绕组，利用磁导的变化产生转矩。

混合式步进电机是指混合了永磁式和反应式的优点。它又分为两相和五相：两相步距角一般为 1.8°而五相步距角一般为 0.72°。这种步进电机的应用最为广泛，也是本次细分驱动方案所选用的步进电机。

二、步进电动机的工作原理

步进电机是将电脉冲信号转变为角位移或线位移的开环控制元件。其外形如图 5–1 所示。在非超载的情况下，电机的转速、停止的位置只取决于脉冲信号的频率和脉冲数，而不受负载变化的影响，即给电机加一个脉冲信号，电机则转过一个步距角。这一线性关系的存在，加上步进电机只有周期性的误差而无累积误差等特点，使得在速度、位置等控制领域用步进电机来控制变得非常简单。

图 5–1 步进电机

三、步进电动机的基本参数

1. 电机固有步距角

电机固有步距角表示控制系统每发一个步进脉冲信号，电机所转动的角度。电机出厂时给出了一个步距角的值，如 86BYG250A 型电机给出的值为 0.9°/1.8°（表示半步工作时为 0.9°、整步工作时为 1.8°），这个步距角可以称为“电机固有步距角”，它不一定是电机实际工作时的真正步距角，真正的步距角和驱动器有关。

2. 步进电机的相数

步进电机的相数是指电机内部的线圈组数，目前常用的有二相、三相、四相、五相步进电机。电机相数不同，其步距角也不同，一般二相电机的步距角为 0.9°/1.8°、三相的为 0.75°/1.5°、五相的为 0.36°/0.72°。在没有细分驱动器时，用户主要靠选择不同相数的步进电机来满足自己步距角的要求。如果使用细分驱动器，则“相数”将变得没有意义，用户只需在驱动器上改变细分数，就可以改变步距角。

3. 保持转矩（HOLDING TORQUE）

保持转矩是指步进电机通电但没有转动时，定子锁住转子的力矩。它是步进电机最重要的参数之一，通常步进电机在低速时的力矩接近保持转矩。由于步进电机的输出力矩随速度的增大而不断衰减，输出功率也随速度的增大而变化，所以保持转矩就成了衡量步进电机最重要的参数之一。比如，当人们说 2N.m 的步进电机，在没有特殊说明的情况下是指保持转矩为 2N.m 的步进电机。

4. DETENT TORQUE

DETENT TORQUE 是指在步进电机在没有通电的情况下，定子锁住转子的力矩。DETENT TORQUE 在国内没有统一的翻译方式，容易使大家产生误解；由于反应式步进电机的转子不是永磁材料，所以它没有 DETENT TORQUE。

四、本实验中步进电动机设置

（1）本实验采用的步进电动机为两相混合式步进电动机，电压为 10V~40V，其型号为 42BYGH5403，技术参数如表 5-1 所示。

表 5-1　42BYGH5403 型两相混合式步进电动机技术参数

相数	步距角 (°)	电流 (A)	静力矩 (Kg.cm)	定位力矩 (g.cm)	转动惯量 (g·cm²)	引线数	重量 (g)
2	1.8	1.8	5.0	260	68	4	340

（2）步进电动机 A、B 两相绕组的接线端。

A+（红）A-（蓝）B+（绿）B-（黑）

1）本任务采用的步进电动机驱动器型号为 SH-20403，它是两相混合式步进电动机细分驱动器，特点是能适应较宽电压范围 10V~40VDC（容量 30VA），采用恒电流控制。

2）步进电动控制信息，如表 5-2 所示。

表 5-2　步进电动控制信息

供电电源	10V~40VDC（30VA）
输出电流	峰值 3A/相（Max）（由面板拨码开关设定）
驱动方式	恒相电流 PWM 控制（H 桥双极）
励磁方式	整步，半步，4、8、16、32、64 细分（七种）
输入信号	光电隔离（单脉冲接口），提供“0”信号输入信号，包括步进脉冲、方向变换和脱机保持三个

（3）输入信号说明：

公共端：本驱动器的输入信号采用共阳极接线方式，用户应将输入信号的电源正极连接到该端子上，将输入的控制信号连接到对应的信号端子上。控制信号低电平有效，此时对应的内部光耦导通，控制信号输入驱动器中。

脉冲信号输入：共阳极时该脉冲信号下降沿被驱动器解释为一个有效脉冲，并驱动电机运行一步。为了确保脉冲信号的可靠响应，共阳极时脉冲低电平的持续时间不应少于 10μs。本驱动器的信号响应频率为 70KHz，过高的输入频率将可能得不到正确响应。

方向信号输入：该端信号的高电平和低电平控制电机的两个转向。共阳极时该端悬空被等效认为输入高电平。控制电机转向时，应确保方向信号领先脉冲信号至少 10μs 建立，可避免驱动器对脉冲的错误响应。

脱机信号输入：该端接受控制机输出的高/低电平信号，共阳极时低电平时电机相电流被切断，转子处于自由状态（脱机状态）。共阳极时高电平或悬空时，转子处于锁定状态。

（4）输出电流选择：

技码开关			驱动电流	拨码开关			驱动电流
5	6	7		5	6	7	
ON	ON	ON	0.9A	ON	OFF	ON	1.5A
OFF	ON	ON	2.1A	OFF	OFF	ON	2.7A
ON	ON	OFF	1.2A	ON	OFF	OFF	1.8A
OFF	ON	OFF	2.4A	OFF	OFF	OFF	3A

（5）细分等级选择：

技码开关			步距角	拨码开关			步距角
1	2	3		1	2	3	
ON	ON	ON	保留	ON	OFF	ON	32 细分
OFF	ON	ON	64 细分	OFF	OFF	ON	16 细分
ON	ON	OFF	8 细分	ON	OFF	OFF	半步
OFF	ON	OFF	4 细分	OFF	OFF	OFF	整步

任务评价

序号	教学活动	评价内容					权重（%）
		活动成果（40%）	参与度（10%）	安全生产（20%）	劳动纪律（20%）	工作效率（10%）	
1	接受任务，制订计划	查阅信息单	活动记录	工作记录	教学日志	完成时间	10
2	选择所需模块并进行合理布局，分配 I/O 口	工具、量具、设备清单	活动记录	工作记录	教学日志	完成时间	10
3	步进电机硬件参数进行设置，硬件接线	参数设置、线路连接	活动记录	工作记录	教学日志	完成时间	20
4	步进电机跟踪定位程序设	跟踪定位	活动记录	工作记录	教学日志	完成时间	50
5	工作小结	总结	活动记录	工作记录	教学日志	完成时间	10
总　计							100

学习活动一 接受任务，制订计划

学习目标

- 能接受任务，明确任务要求；
- 能根据任务要求分析所需模块；
- 能制订工作计划，合理分工。

建议学时：2课时；学习地点：单片机实训室

学习过程

一、学习准备

YL-236设备参考书、任务书、教材。

二、引导问题

（1）根据任务要求，工作任务由哪几部分组成？

（2）完成各部分功能所需模块及材料。

（3）分组学习各项操作规程和规章制度，小组摘录要点并做好学习记录。

（4）根据你的分析，安排工作进度，填写下表。

序号	开始时间	结束时间	工作内容	工作要求	备注

（5）根据小组成员特点完成下表。

小组成员名单	成员特点	小组中的分工	备注

（6）小组讨论记录（小组记录需有：记录人、主持人、日期、内容等要素）。

学习活动二　选择所需模块并进行合理布局，分配 I/O 口

学习目标

- 能正确选择所需模块；
- 能根据任务要求合理布局各模块，分配 I/O 口；
- 能正确选择电路连接过程中所需的工具、量具及设备。

建议学时：2 课时；学习地点：单片机实训室

一、学习准备

YL-236 设备参考书、任务书、教材。

二、引导问题

（1）为了连接不受干扰，应如何布局各模块？

（2）根据控制要求，按键应选独立按键还是矩阵键盘？

（3）步进电机的保护端信号应如何连接？

（4）列出所需模块及材料。

序号	名称	规格	精度	数量	用途
1					
2					
3					
4					
5					
6					
7					

学习活动三　步进电机硬件参数设置，硬件接线

学习目标

- 能按照“7S”管理规范实施作业；
- 能根据任务要求合理设置步进电机参数；
- 能熟练地对各模块控制线及电源线进行连接。

建议学时：2 课时；学习地点：单片机实训室

学习过程

一、学习准备

YL–236 设备参考书、任务书、教材、所需模块、连接线、量具、“7S”管理规范。

二、引导问题

（1）如何设定步进电机定位精度、驱动能力？

（2）如何设定步进电机运动方向、速度？

（3）步进电机如何实现定位及过界保护？

(4) 根据电工标准，如何连接电源线、电流型导线、电压型导线？

(5) 按工作内容列出所设参数和所用材料及工量具。

工作内容	设置参数	所需材料及工量具

评价与分析

活动过程评价自评表

班级：________ 姓名：________ 学号：______号 ______年____月____日

评价项目及标准		权重(%)	等级评定			
			A	B	C	D
操作技能	1. 步距角参数的正确设置	20				
	2. 驱动电流参数的正确设置	10				
	3. 电源导线颜色及走线的合理性	10				
	4. 电流型端口导线的选择	10				
	5. 电压型端口导线的选择	10				
实习过程	1. 接线过程是否符合安全规范 2. 平时出勤情况 3. 接线顺序是否正确 4. 每天对工具的整理、保管及场地卫生清扫情况	20				
情感态度	1. 师生互动 2. 良好的劳动习惯 3. 组员的交流、合作 4. 动手操作的兴趣、态度、积极主动性	20				
合 计		100				
简要评述						

等级评定：A：优（10），B：好（8），C：一般（6），D：有待提高（4）。

活动过程评价互评表

班级：＿＿＿＿＿＿＿　姓名：＿＿＿＿＿＿＿　学号：＿＿＿＿号　＿＿＿年＿＿月＿＿日

评价项目及标准		权重(%)	等级评定			
			A	B	C	D
操作技能	1. 步距角参数的正确设置	20				
	2. 驱动电流参数的正确设置	10				
	3. 电源导线颜色及走线的合理性	10				
	4. 电流型端口导线的选择	10				
	5. 电压型端口导线的选择	10				
实习过程	1. 接线过程是否符合安全规范 2. 平时出勤情况 3. 接线顺序是否正确 4. 每天对工量具的整理、保管及场地卫生清扫情况	20				
情感态度	1. 师生互动 2. 良好的劳动习惯 3. 组员的交流、合作 4. 动手操作的兴趣、态度、积极主动性	20				
合　计		100				
简要评述						

等级评定：A：优（10），B：好（8），C：一般（6），D：有待提高（4）。

活动过程教师评价量表

<table>
<tr><td>班级</td><td colspan="2"></td><td>姓名</td><td></td><td>学号</td><td></td><td>日期</td><td>月　日</td><td>配分</td><td>得分</td></tr>
<tr><td rowspan="5">教师评价</td><td>劳保用品穿戴</td><td colspan="7">严格按《实习守则》的要求穿戴好劳保用品</td><td>5</td><td></td></tr>
<tr><td>平时表现评价</td><td colspan="7">1. 出勤情况
2 纪律情况
3. 积极态度
4. 任务完成质量
5. 良好的习惯，岗位卫生情况</td><td>15</td><td></td></tr>
<tr><td rowspan="2">综合专业技能水平</td><td>基本知识</td><td colspan="6">1. 步进电机工作原理
2. 熟练查阅资料
3. 抗干扰技术
4. 电工安全规范</td><td>20</td><td></td></tr>
<tr><td>操作技能</td><td colspan="6">1. 熟练进行步进电机参数设置
2. 能熟练区分电流型端口及电压型端口
3. 布线合理、美观</td><td>30</td><td></td></tr>
<tr><td>情感态度评价</td><td colspan="7">1. 互动与团队合作
2. 良好的劳动习惯，注重提高自己的动手能力
3. 动手操作的兴趣、态度、积极主动性</td><td>10</td><td></td></tr>
<tr><td>自评</td><td>综合评价</td><td colspan="7">1. 组织纪律性，遵守实习场所纪律及有关规定。
2. 7S 执行情况
3. 专业基础知识与专业操作技能的掌握情况</td><td>10</td><td></td></tr>
<tr><td>互评</td><td>综合评价</td><td colspan="7">1. 组织纪律性，遵守实习场所纪律及有关规定
2. 7S 执行情况
3. 专业基础知识与专业操作技能的掌握情况</td><td>10</td><td></td></tr>
<tr><td colspan="9">合　计</td><td>100</td><td></td></tr>
<tr><td>建议</td><td colspan="10"></td></tr>
</table>

学习活动四　步进电机跟踪定位程序设计

学习目标

- 能完成控制单元的程序设计；
- 能完成显示单元的程序设计；
- 能完成步进电机控制流程程序设计；
- 学会故障排查。

建议学时：8 课时；学习地点：单片机实训室

学习过程

一、学习准备

YL-236 设备参考书、任务书、教材。

二、引导问题

（1）根据功能按钮控制编程需编几种模式？

（2）液晶编程需要显示哪些参数？

（3）如何进行步进电机初始定位编程？

（4）如何进行步进电机跟踪定位编程？

（5）如何编程可实现对步进电机速度控制？

评价与分析

活动过程评价自评表

班级：__________　姓名：__________　学号：______号　______年____月____日

评价项目及标准		权重（%）	等级评定			
			A	B	C	D
操作技能	1. 指令模块编程	10				
	2. 保护功能编程	10				
	3. 初始定位编程	10				
	4. 跟踪定位编程	20				
	5. 速度参数设定	10				
	6. 程序设计合理性	10				
实习过程	1. 程序设计优化性 2. 平时出勤情况 3. 查看完成质量 4. 查看完成速度与准确性 5. 每天对工量具的整理、保管及场地卫生清扫情况	20				
情感态度	1. 师生互动 2. 良好的劳动习惯 3. 组员的交流、合作 4. 动手操作的兴趣、态度、积极主动性	10				
合　计		100				
简要评述						

等级评定：A：优（10），B：好（8），C：一般（6），D：有待提高（4）。

活动过程评价互评表

班级：__________ 姓名：__________ 学号：______号 ____年___月___日

评价项目及标准		权重(%)	等级评定			
			A	B	C	D
操作技能	1. 指令模块编程	10				
	2. 保护功能编程	10				
	3. 初始定位编程	10				
	4. 跟踪定位编程	20				
	5. 速度参数设定	10				
	6. 程序设计合理性	10				
实习过程	1. 程序设计优化性 2. 平时出勤情况 3. 查看完成质量 4. 查看完成速度与准确性 5. 每天对工量具的整理、保管及场地卫生清扫情况	20				
情感态度	1. 师生互动 2. 良好的劳动习惯 3. 组员的交流、合作 4. 动手操作的兴趣、态度、积极主动性	10				
合 计		100				
简要评述						

等级评定：A：优（10），B：好（8），C：一般（6），D：有待提高（4）。

活动过程教师评价量表

<table>
<tr><td>班级</td><td colspan="2"></td><td>姓名</td><td></td><td>学号</td><td></td><td>日期</td><td>月 日</td><td>配分</td><td>得分</td></tr>
<tr><td rowspan="5">教师评价</td><td>劳保用品穿戴</td><td colspan="7">严格按《实习守则》要求穿戴好劳保用品</td><td>5</td><td></td></tr>
<tr><td>平时表现评价</td><td colspan="7">1. 出勤情况
2. 纪律情况
3. 积极态度
4. 任务完成质量
5. 良好的习惯，岗位卫生情况</td><td>15</td><td></td></tr>
<tr><td rowspan="2">综合专业技能水平</td><td>基本知识</td><td colspan="6">1. 指令模块、步进电机模块的使用，传感器的使用
2. C 语言编程的使用
3. 检测工量具的使用</td><td>20</td><td></td></tr>
<tr><td>操作技能</td><td colspan="6">1. 能正确编译按钮功能
2. 能正确编译液晶 1602 功能
3. 能正确编译步进电机各项功能
4. 能熟练进行程序错误排查</td><td>30</td><td></td></tr>
<tr><td>情感态度评价</td><td colspan="7">1. 互动与团队合作
2. 良好的劳动习惯，注重提高自己的动手能力
3. 动手操作的兴趣、态度、积极主动性</td><td>10</td><td></td></tr>
<tr><td>自评</td><td>综合评价</td><td colspan="7">1. 组织纪律性，遵守实习场所纪律及有关规定
2. 7S 执行情况
3. 专业基础知识与专业操作技能的掌握情况</td><td>10</td><td></td></tr>
<tr><td>互评</td><td>综合评价</td><td colspan="7">1. 组织纪律性，遵守实习场所纪律及有关规定
2. 7S 执行情况
3. 专业基础知识与专业操作技能的掌握情况</td><td>10</td><td></td></tr>
<tr><td colspan="9">合 计</td><td>100</td><td></td></tr>
<tr><td>建议</td><td colspan="10"></td></tr>
</table>

学习活动五　工作小结

学习目标

- 能清晰合理地撰写总结；
- 能有效进行工作反馈与经验交流。

建议课时：2课时；学习地点：单片机实训室

学习过程

一、学习准备

任务书、数据的对比分析结果、电脑。

二、引导问题

（1）简单写出本次工作总结的提纲。

（2）工作总结的组成要素及格式要求。

（3）本次学习任务过程中存在的问题并提出解决方法。

（4）本次学习任务中你做得最好的一项或几项内容是什么？

（5）完成工作总结并提出改进意见。

拓展性学习任务

学习目标

- 能根据对步进电机的其他控制要求，完成硬件的连接、程序的编写、调试及运行。

建议课时：机动；学习地点：单片机实训室

学习过程

拓展任务

设置 4 个按键：K1 为启动键、K2 为加键、K3 为减键、K4 为复位键，无论步进电机处在什么位置，按下复位键步进电机回到 0 处，此时按下加键或减键可以在数码管上设置一个数字，单位为 mm，按下启动键步进电机运行到设置位置，如果设置数字大于步进电机能运动的最大位置，则启动键无效。

（1）选定模块进行硬件接线，画出接线图。

（2）画出程序流程图、完成程序编写、调试、运行。

任务六　模拟物料传送系统

学习任务描述

模拟设计一个物料传送装置，用按键模拟传送线上的传感器，当一号传感器检测到有物料后直流电动机正转 10 圈停止，然后按下按钮模拟二号传感器的信号，当二号传感器感应到信号时直流电动机反转 10 圈然后停止；在电机运行过程中用点阵汉字屏实时显示电机正/反转状态及电动机的转动圈数。

相关资料

一、点阵汉字屏的工作原理

在 PC 机的文本文件中，汉字以机内码的形式存储，每个汉字占用两个字节，计算机就是根据机内码的值把对应的汉字从字库中提取出来。而每个汉字在字库中以点阵字模形式存储，如一般采用 16×16 点阵形式，每个点用一个二进制位表示，存 1 的点当显示时可以在屏上显示一个亮点，存 0 的点则在屏上不显示，这样就把存储某字的 16×16 点阵信息直接在显示器上按上述原则显示出对应的汉字，如一个“亚”字的 16×16 点阵字模如图 6-1 所示，当用存储单元存储该字模信息时将需 32 字节地址，在图的右边写出了该字模对应的字节值。其规则是：把字分成左右两部分，第一行的左半部八位数据占用一个字节存储，右半部分八位数据占用一个字节存储，依次类推，16 行共使用了 16×2=32 个字节。

依据此原理，把需要用到的汉字的字模以表格的形式存储到单片机当中，每一行以适当的速度分两次送数据（左半部分和右半部分），等 16 行全部送完后，就可显示出一帧汉字。

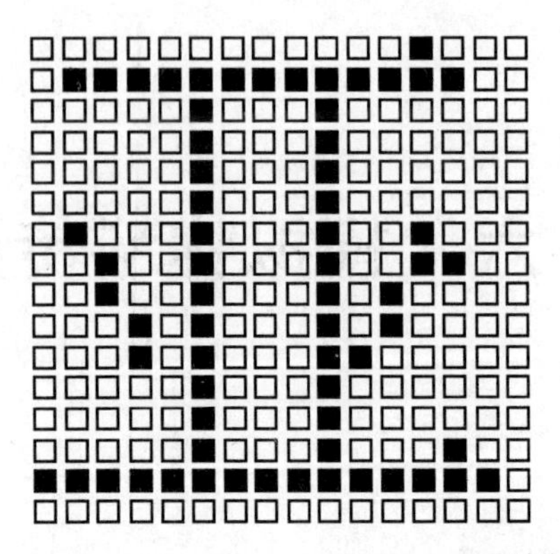

左半部

00H	42H	82H	02H	02H	FEH	02H	02H
40H	40H	41H	46H	40H	7FH	40H	40H

右半部

02	FEH	02H	02H	C3H	82H	00H	00H
40H	7FH	44H	43H	40H	60H	40H	00H

图 6–1　“亚”字的 16×16 点阵

二、点阵汉字屏的扫描方式

同一切能够显示图像的设备一样，LED 显示屏也需要一定的数据刷新率，如电视机的速率是 50 帧/秒，计算机显示器是 85 帧/秒。实训证明，只有不低于 50 帧/秒，人眼是感觉不到闪烁的。所以，由人的视觉暂留效应设计要求是每秒最低扫描 LED 屏 50 次。

另外，LED 具有一定的响应时间和余辉效应，如果给它的电平持续时间很短，则 1us 将不能充分点亮，一般要求电平持续时间是 1ms。当 LED 点亮后撤掉电平，它不会立即熄灭。这样从左到右扫描完一帧，看起来就是同时亮的。

任务评价

序号	教学活动	评价内容					权重(%)
		活动成果(40%)	参与度(10%)	安全生产(20%)	劳动纪律(20%)	工作效率(10%)	
1	接受任务，制订计划	查阅信息单	活动记录	工作记录	教学日志	完成时间	10
2	选择所需模块并进行合理布局，分配 I/O 口	工具、量具、设备清单	活动记录	工作记录	教学日志	完成时间	10
3	硬件接线	线路连接	活动记录	工作记录	教学日志	完成时间	20
4	物料传送系统程序设计	跟踪定位	活动记录	工作记录	教学日志	完成时间	50
5	工作小结	总结	活动记录	工作记录	教学日志	完成时间	10
总　计							100

学习活动一　接受任务，制订计划

学习目标

- 能接受任务，明确任务要求；
- 能根据任务要求分析所需模块；
- 能制订工作计划，合理分工。

建议学时：2 课时；学习地点：单片机实训室

学习过程

一、学习准备

YL–236 设备参考书、任务书、教材。

二、引导问题

（1）根据任务要求，工作任务由哪几部分组成？

（2）完成各部分功能所需模块及材料。

（3）分组学习各项操作规程和规章制度，小组摘录要点并做好学习记录。

(4) 根据你的分析，安排工作进度，填写下表。

序号	开始时间	结束时间	工作内容	工作要求	备注

(5) 根据小组成员特点完成下表。

小组成员名单	成员特点	小组中的分工	备注

(6) 小组讨论记录（小组记录需有：记录人、主持人、日期、内容等要素）。

学习活动二　选择所需模块并进行合理布局，分配 I/O 口

学习目标

- 能正确选择所需模块；
- 能根据任务要求合理布局各模块，分配 I/O 口；
- 能正确选择电路连接过程中所需的工具、量具及设备。

建议学时：2 课时；学习地点：单片机实训室

学习过程

一、学习准备

YL-236 设备参考书、任务书、教材。

二、引导问题

（1）直流电机可使用几伏电源驱动？

（2）为了连接直流电机还应选择什么模块？

（3）为了使点阵汉字屏亮度均匀，应采用横向扫描还是纵向扫描？

（4）列出所需要的模块及材料。

序号	名称	规格	精度	数量	用途
1					
2					
3					
4					
5					
6					
7					

学习活动三　硬件接线

学习目标

- 能按照“7S”管理规范实施作业；
- 能根据任务要求合理选择直流电机的供电电源；
- 能熟练地对各模块控制线及电源线进行连接。

建议学时：2课时；学习地点：单片机实训室

学习过程

一、学习准备

YL-236设备参考书、任务书、教材、所需模块、连接线、量具、“7S”管理规范。

二、引导问题

（1）如何测量直流电机转的圈数？

（2）如何控制直流电机的正反转？

（3）点阵汉字屏的各引脚功能是什么？

（4）根据电工标准，如何连接电源线、电流型导线、电压型导线？

（5）按工作内容列出所设参数和所用材料及工量具。

工作内容	设置参数	所需材料及工量具

评价与分析

活动过程评价自评表

班级：＿＿＿＿＿＿　姓名：＿＿＿＿＿＿　学号：＿＿＿＿号　＿＿＿年＿＿月＿＿日

<table>
<tr><td colspan="2" rowspan="2">评价项目及标准</td><td rowspan="2">权重(%)</td><td colspan="4">等级评定</td></tr>
<tr><td>A</td><td>B</td><td>C</td><td>D</td></tr>
<tr><td rowspan="5">操作技能</td><td>1. 直流电机驱动电源正确连接</td><td>10</td><td></td><td></td><td></td><td></td></tr>
<tr><td>2. 直流电机传感器正确连接</td><td>20</td><td></td><td></td><td></td><td></td></tr>
<tr><td>3. 电源导线颜色及走线的合理性</td><td>10</td><td></td><td></td><td></td><td></td></tr>
<tr><td>4. 模拟传感器及按钮端口选择正确</td><td>10</td><td></td><td></td><td></td><td></td></tr>
<tr><td>5. 显示单元连线正确</td><td>10</td><td></td><td></td><td></td><td></td></tr>
<tr><td>实习过程</td><td>1. 接线过程是否符合安全规范
2. 平时出勤情况
3. 接线顺序是否正确
4. 每天对工量具的整理、保管及场地卫生清扫情况</td><td>20</td><td></td><td></td><td></td><td></td></tr>
<tr><td>情感态度</td><td>1. 师生互动
2. 良好的劳动习惯
3. 组员的交流、合作
4. 动手操作的兴趣、态度、积极主动性</td><td>20</td><td></td><td></td><td></td><td></td></tr>
<tr><td colspan="2">合　计</td><td>100</td><td colspan="4"></td></tr>
<tr><td>简要评述</td><td colspan="6"></td></tr>
</table>

等级评定：A：优（10），B：好（8），C：一般（6），D：有待提高（4）。

活动过程评价互评表

班级：____________ 姓名：____________ 学号：______号 _____年____月____日

评价项目及标准		权重(%)	等级评定			
			A	B	C	D
操作技能	1. 直流电机驱动电源正确连接	10				
	2. 直流电机传感器正确连接	20				
	3. 电源导线颜色及走线的合理性	10				
	4. 模拟传感器及按钮端口选择正确	10				
	5. 显示单元连线正确	10				
实习过程	1. 接线过程是否符合安全规范 2. 平时出勤情况 3. 接线顺序是否正确 4. 每天对工量具的整理、保管及场地卫生清扫情况	20				
情感态度	1. 师生互动 2. 良好的劳动习惯 3. 组员的交流、合作 4. 动手操作的兴趣、态度、积极主动性	20				
合 计		100				
简要评述						

等级评定：A：优（10），B：好（8），C：一般（6），D：有待提高（4）。

活动过程教师评价量表

<table>
<tr><td>班级</td><td></td><td>姓名</td><td></td><td>学号</td><td></td><td>日期</td><td>月 日</td><td>配分</td><td>得分</td></tr>
<tr><td rowspan="6">教师评价</td><td>劳保用品穿戴</td><td colspan="6">严格按《实习守则》要求穿戴好劳保用品</td><td>5</td><td></td></tr>
<tr><td>平时表现评价</td><td colspan="6">1. 出勤情况
2. 纪律情况
3. 积极态度
4. 任务完成质量
5. 良好的习惯，岗位卫生情况</td><td>15</td><td></td></tr>
<tr><td rowspan="2">综合专业技能水平</td><td>基本知识</td><td colspan="5">1. 直流电机知识
2. 熟练查阅资料
3. 抗干扰技术
4. 电工安全规范
5. 点阵汉字屏扫描原理</td><td>20</td><td></td></tr>
<tr><td>操作技能</td><td colspan="5">1. 熟练进行直流电机正反转控制
2. 能熟练根据要求分配 I/O 口
3. 布线合理、美观</td><td>30</td><td></td></tr>
<tr><td>情感态度评价</td><td colspan="6">1. 互动与团队合作
2. 良好的劳动习惯，注重提高自己的动手能力
3. 动手操作的兴趣、态度、积极主动性</td><td>10</td><td></td></tr>
<tr><td colspan="8"></td></tr>
<tr><td>自评</td><td>综合评价</td><td colspan="6">1. 组织纪律性，遵守实习场所纪律及有关规定
2. 7S 执行情况
3. 专业基础知识与专业操作技能的掌握情况</td><td>10</td><td></td></tr>
<tr><td>互评</td><td>综合评价</td><td colspan="6">1. 组织纪律性，遵守实习场所纪律及有关规定
2. 7S 执行情况
3. 专业基础知识与专业操作技能的掌握情况</td><td>10</td><td></td></tr>
<tr><td colspan="8">合 计</td><td>100</td><td></td></tr>
<tr><td>建议</td><td colspan="9"></td></tr>
</table>

学习活动四　物料传送系统程序设计

学习目标

- 能完成控制单元的程序设计；
- 能完成显示单元的程序设计；
- 能完成信号检测单元程序设计；
- 学会故障排查。

建议学时：8课时；学习地点：单片机实训室

学习过程

一、学习准备

YL–236设备参考书、任务书、教材。

二、引导问题

（1）根据直流电机传感器信号变化规律，应如何编程控制直流电机转速？

（2）根据直流电机连接方式，应如何编程控制电机正反转？

（3）如何用编程避免按钮在动作时出现的机械抖动？

（4）点阵汉字屏应选用横向扫描还是纵向扫描，如何编程实现动态扫描？

（5）显示模块与电机模块之间应用哪些参数进行关联？

评价与分析

活动过程评价自评表

班级：＿＿＿＿＿＿　姓名：＿＿＿＿＿＿　学号：＿＿＿＿号　＿＿＿年＿＿月＿＿日

评价项目及标准		权重（%）	等级评定			
			A	B	C	D
操作技能	1. 指令模块编程	10				
	2. 电机正反转控制编程	10				
	3. 电机转速测量单元编程	20				
	4. 点阵汉字屏显示单元编程	10				
	5. 关联变量的正确选用	10				
	6. 程序设计合理性	10				
实习过程	1. 程序设计优化性 2. 平时出勤情况 3. 查看完成质量 4. 查看完成速度与准确性 5. 每天对工量具的整理、保管及场地卫生清扫情况	20				
情感态度	1. 师生互动 2. 良好的劳动习惯 3. 组员的交流、合作 4. 动手操作的兴趣、态度、积极主动性	10				
合　计		100				
简要评述						

等级评定：A：优（10），B：好（8），C：一般（6），D：有待提高（4）。

活动过程评价互评表

班级：________ 姓名：________ 学号：______号 ______年____月____日

评价项目及标准		权重（%）	等级评定			
			A	B	C	D
操作技能	1. 指令模块编程	10				
	2. 电机正反转控制编程	10				
	3. 电机转速测量单元编程	20				
	4. 点阵汉字屏显示单元编程	10				
	5. 关联变量的正确选用	10				
	6. 程序设计合理性	10				
实习过程	1. 程序设计优化性 2. 平时出勤情况 3. 查看完成质量 4. 查看完成速度与准确性 5. 每天对工量具的整理、保管及场地卫生清扫情况	20				
情感态度	1. 师生互动 2. 良好的劳动习惯 3. 组员的交流、合作 4. 动手操作的兴趣、态度、积极主动性	10				
合 计		100				
简要评述						

等级评定：A：优（10），B：好（8），C：一般（6），D：有待提高（4）。

活动过程教师评价量表

<table>
<tr><td>班级</td><td colspan="2"></td><td>姓名</td><td></td><td>学号</td><td></td><td>日期</td><td>月　日</td><td>配分</td><td>得分</td></tr>
<tr><td rowspan="6">教师评价</td><td>劳保用品穿戴</td><td colspan="7">严格按《实习守则》要求穿戴好劳保用品</td><td>5</td><td></td></tr>
<tr><td>平时表现评价</td><td colspan="7">1. 出勤情况
2. 纪律情况
3. 积极态度
4. 任务完成质量
5. 良好的习惯，岗位卫生情况</td><td>15</td><td></td></tr>
<tr><td rowspan="2">综合专业技能水平</td><td>基本知识</td><td colspan="6">1. 指令模块、显示模块、直流电机控制模块的使用
2. C 语言编程的使用
3. 检测工量具的使用</td><td>20</td><td></td></tr>
<tr><td>操作技能</td><td colspan="6">1. 能正确编译按钮、转速测量功能
2. 能正确编译直流电机正反转功能
3. 能正确编译点阵汉字屏显示功能
4. 能熟练进行程序错误排查</td><td>30</td><td></td></tr>
<tr><td>情感态度评价</td><td colspan="7">1. 互动与团队合作
2. 良好的劳动习惯，注重提高自己的动手能力
3. 动手操作的兴趣、态度、积极主动性</td><td>10</td><td></td></tr>
<tr><td colspan="10" style="display:none"></td></tr>
<tr><td>自评</td><td>综合评价</td><td colspan="7">1. 组织纪律性，遵守实习场所纪律及有关规定
2. 7S 执行情况
3. 专业基础知识与专业操作技能的掌握情况</td><td>10</td><td></td></tr>
<tr><td>互评</td><td>综合评价</td><td colspan="7">1. 组织纪律性，遵守实习场所纪律及有关规定
2. 7S 执行情况
3. 专业基础知识与专业操作技能的掌握情况</td><td>10</td><td></td></tr>
<tr><td colspan="9">合　计</td><td>100</td><td></td></tr>
<tr><td>建议</td><td colspan="10"></td></tr>
</table>

学习活动五　工作小结

学习目标

- 能清晰合理地撰写总结；
- 能有效进行工作反馈与经验交流。

建议课时：2 课时；学习地点：单片机实训室

学习过程

一、学习准备

任务书、数据的对比分析结果、电脑。

二、引导问题

（1）简单写出本次工作总结的提纲。

（2）写出工作总结的组成要素及格式要求。

（3）本次学习任务过程中存在的问题并提出解决方法。

（4）本次学习任务中你做得最好的一项或几项内容是什么？

（5）完成工作总结并提出改进意见。

拓展性学习任务

学习目标

- 能根据对点阵汉字屏及交直流电机的其他控制要求，完成硬件的连接、程序的编写、调试及运行。

建议课时：机动；学习地点：单片机实训室

学习过程

拓展任务

模拟简易电梯运行系统，用电动机正转模拟电梯上行，用电动机反转模拟电梯下行，电梯停止时电机也停转。模拟电梯上行时点阵汉字屏显示“向上的符号”，电梯下行时点阵汉字屏显示“向下的符号”，电梯刚停止时点阵汉字屏显示“开门”，10s后显示“关门”，电机运行时显示“关门”。

（1）选定模块进行硬件接线，画出接线图。

（2）画出程序流程图、完成程序编写、调试、运行。

任务七　智能物料搬运系统

学习任务描述

物料搬运装置的物料槽里有白、黄、黑三种球，抓取一工位的球，搬运到三工位上方投放。用液晶 12864 对物料搬运装置工作状态进行显示，当机械手爪夹紧时，若手爪上无球，显示“无”，否则显示球的颜色；对抓球个数进行累加计数，没抓到球不计数。对当前工作步数进行显示。

相关资料

一、智能物料搬运装置

图 7–1 所示是智能物料搬运装置结构示意图，主要包含机架、搬运机构及接供料机构。

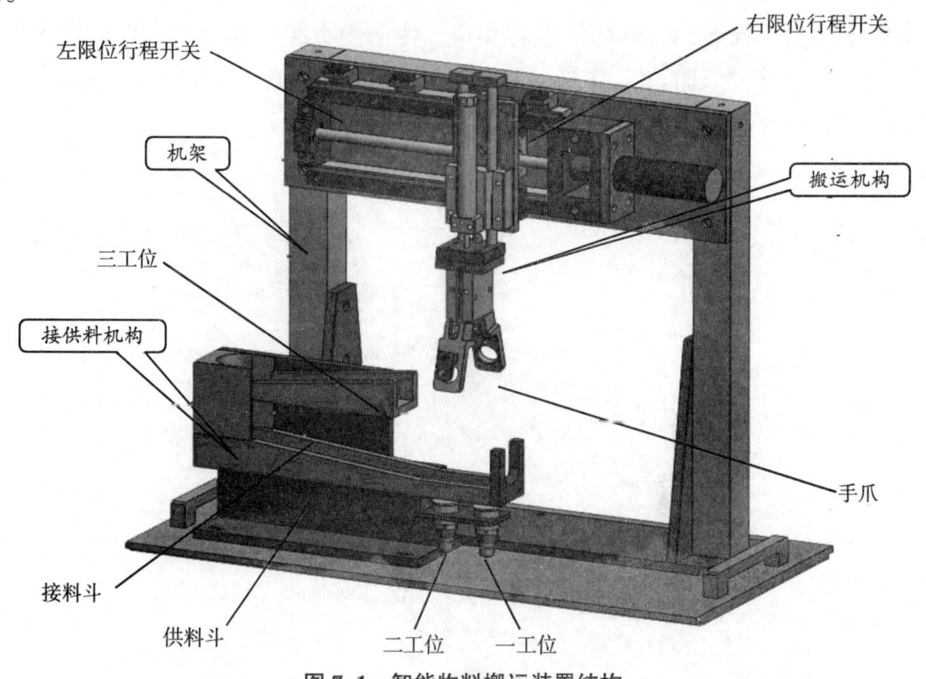

图 7–1　智能物料搬运装置结构

（1）机架主要功能是支撑起整个系统。

（2）搬运机构主要功能是在系统程序控制下通过相关元器件有效配合完成手爪对物料的抓取、搬运及放料等动作。

（3）接供料机构主要功能是使物料能顺利导落，并能感测有无物料。

（4）搬运机构主要由行程开关、滚珠丝杆、气动手爪、光纤传感器、导气缸、直流电动机、继电器、单线圈电磁阀、双线圈电磁阀构成。

（5）行程开关共有五个，从左到右分别为：左限位行程开关、三工位限位开关、二工位限位开关、一工位限位开关、右限位行程开关。左、右限位行程开关用来限制手爪的行程范围，一、二、三工位限位开关用来定位手爪位置，一、二工位限位开关分别与供料斗下方的两个物料检测光电传感器在垂直方向上对应，三工位限位开关与接料斗右端在垂直方向上对应。

（6）滚珠丝杆在直流电机的带动下带动手爪的水平运动。

（7）双线圈电磁阀控制气动手爪夹紧与放松。

（8）光纤传感器感测手爪上是否有物体。

（9）单线圈电磁阀控制手爪的上升与下降。

（10）直流电机正反转、电磁阀的导通与断开由五个继电器来控制。

二、气动元件介绍

1. 气缸

气缸是气动元件中最常用的执行部件，搬运装置的手臂伸缩功能便是使用标准的单杆双作用气缸实现的。气缸按使用场合和工作条件不同可以分很多种，像单杆气缸和双杆气缸、单作用气缸和双作用气缸、旋转气缸等。这里只介绍单杆双作用气缸。实物如图 7–2 所示。

图 7–2　气缸

单杠双作用气缸的工作原理：在压缩空气作用下，双作用气缸活塞杆既可以伸出，也可以回缩。通过缓冲调节装置，可以调节其终端缓冲。气缸活塞上永久磁环可用于驱动配套的磁性开关动作。活塞把整个杆腔分成左右两部分，当压缩空气从右端进气左端排气时，则活塞带动活塞杆向左移动（伸出）。相反，当压缩空气从左端进气右端排气时，则活塞杆向右移动。由于活塞杆的伸出缩回全部靠压缩空气给予动力，因此这种气缸称为双作用气缸。

2. 气爪

气爪（又称气动手指、气动抓手）可以像人的手一样实现抓取功能。搬运装置的抓取功能便是使用标准的支点开闭型气爪实现的。气爪可以分为摆动气爪、旋转气爪和三点气爪等几种类型。气爪是气缸的延伸和变形。设备中使用的气爪为标准支点开闭型气爪，实物如图 7–3 所示。

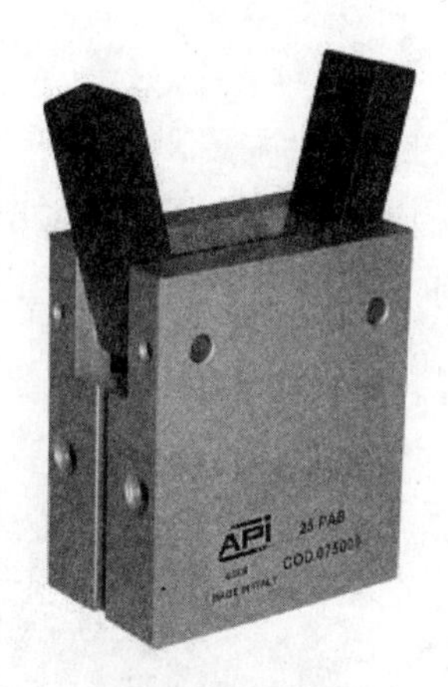

图 7–3 气爪

3. 单向节流阀

单向节流阀是用来控制回路中的气流量，使气缸等执行元件以不同的速度工作。单向节流阀还具有单向节流作用，即只对一个方向的空气流动具有流量调节作用，对相反的方向则没有控制作用。实物如图 7–4 所示。

图 7–4 单向节流阀

4. 手阀

手阀实际是一个两位两通阀，主要用于气路的通与断。“两位”是指有两种状态：导通状态或关断状态；“两通”是指有两个气口。两位两通阀实物如图 7–5 所示。

图 7–5　两位两通阀

5. 两位五通换向阀

两位五通换向阀主要用于气缸的伸缩控制，其中“两位”是两种状态，用在气缸上对应的状态是伸出和缩回；两位五通换向阀在不通电时是一种状态，通电时切换到另外一种状态。“五通”是指有五个气口，包括一个进气口，两个排气口，两个换向口。实物如图 7–6 所示。

图 7–6　两位五通换向阀

6. 三位五通换向阀

与两位五通换向阀相比，三位五通换向阀多一种状态。这种状态比较常用的形式是把气缸的两个进排气口给封闭住，气体不能流入也不能排出气缸，这是换向阀不通电时的状态。三位五通换向阀的另两种状态是靠两端的两个电磁线圈分别控制。要注意的是，这两个线圈不可同时通电，否则可能会损坏换向阀。实物如图 7–7 所示。

7. 消声器

从气缸内排出的压缩气体在没有任何器件作用的情况下，其产生的噪声是非常大的，消声器可以解决这样的问题。压缩的空气在高速流过排气口时，类似于人在吹笛子，会与排气口边缘作用发出很大的声响。如果高速的空气从毛细孔流出则声响可以

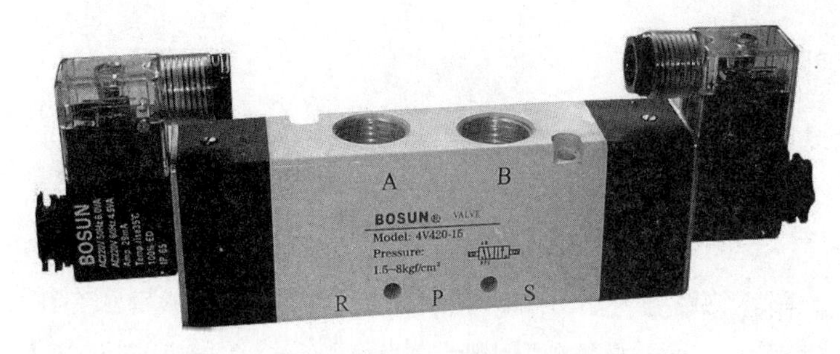

图 7-7 三位五通换向阀

大大减小，消声器便是使用许多铜颗粒来增大排气口面积，以此达到消声的目的。如图 7-8 所示。

图 7-8 消声器

8. 三联件

三联件是气动回路中比较常见的气源处理元件。它由空气过滤器、减压阀和油雾器三个元件组成，市面上这三个元件也有以单独形式出现的。空气过滤器用于对气源的清洁，可过滤压缩空气中的水分，避免水分随气体进入装置。减压阀可对气源进行稳压，使气源处于恒定状态，可减小因气源气压突变时对阀门或执行器件等硬件的损伤。油雾器可以将油雾化，随压缩空气进入气动执行元件，起到润滑延长机体使用寿命的作用。实物如图 7-9 所示。

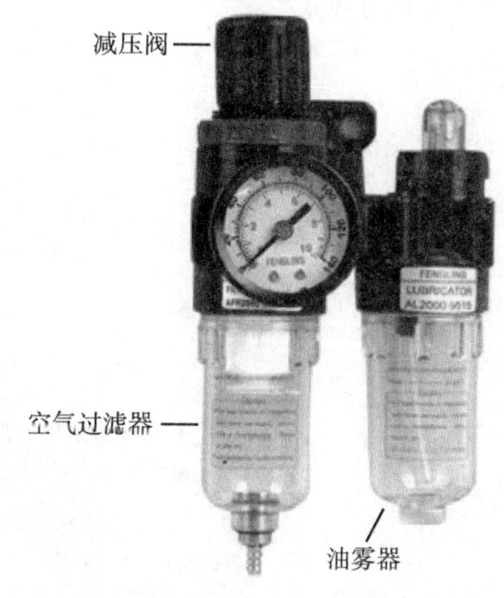

图 7-9 三联件

三、传感器介绍

物料搬运装置中所使用的传感器为开关量输出型传感器。它包括以下几种类型：磁性开关、光电开关、光纤传感器。

1. 磁性开关

磁性开关的核心部件是舌簧开关，在封闭的玻璃管中有两根互不相连的金属电极，当有磁性物体靠近时，两电极被磁化相互吸引而导通。实际应用时为了指示状态，常在回路中串接一只发光二极管。气缸的活塞有磁性材料，在气缸的两端装上磁性开关便能知道气缸的状态。实物如图 7–10 所示。

图 7–10　磁性开关

2. 光电开关

光电开关由两部分组成，一部分为调制发射光束。为了区别接收的光束是器件本身所发而不是自然界的光，常采用调制的办法，使发出的光束在某个频率上。另一部分为接收解调电路。当有光线被反射回来时进行解调，如果为非自然光则开关导通。实物如图 7–11 所示。

3. 光纤传感器

光纤传感器工作原理与光电开关相似，它由光纤、光电放大器组成。光纤传感器的输出截面积较小，可以用于高灵敏度和高要求的场合。实物如图 7–12 所示。

图 7–11　光电开关

图 7–12　光纤传感器

四、物料搬运装置内部电气图

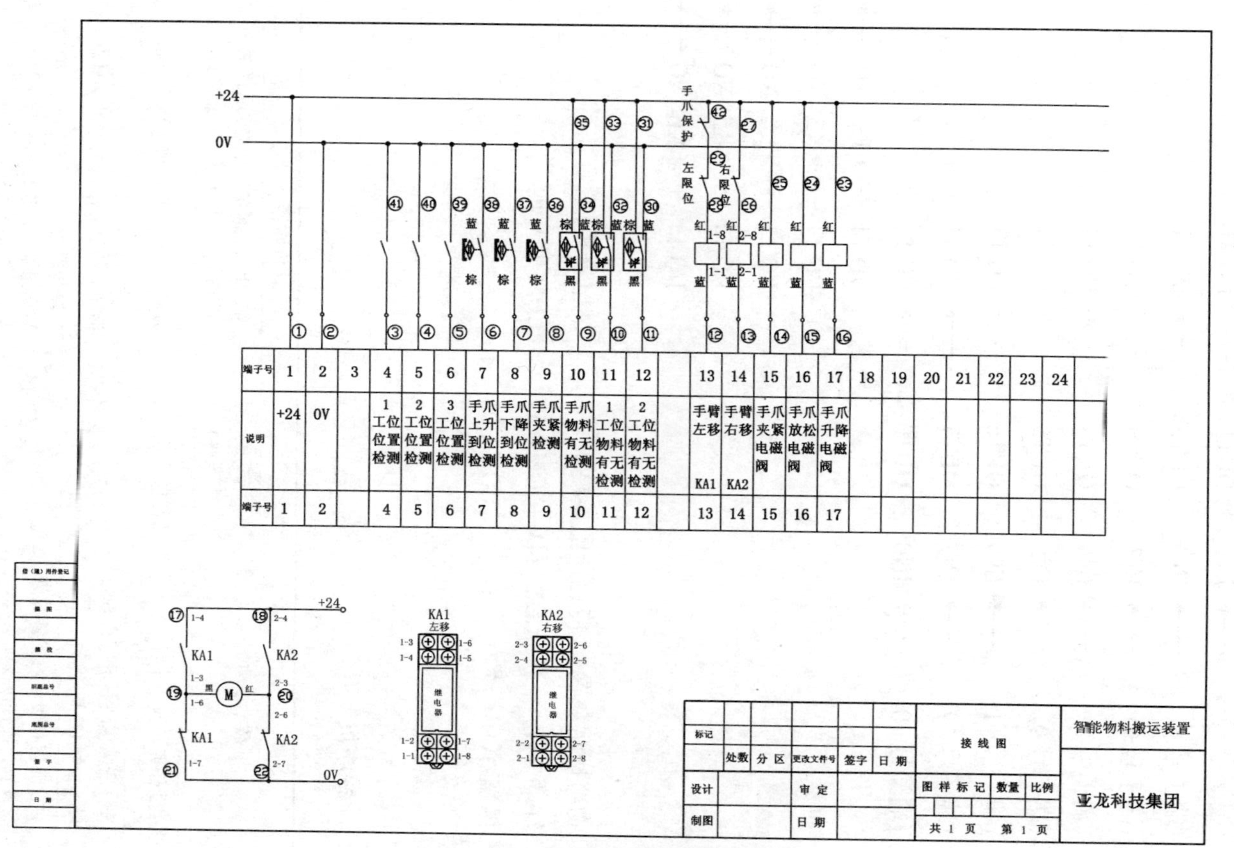

图 7-13 物料搬运装置内部电气图

常用端子分配：

物料搬运装置		传感器配接模块			主机模块		继电器模块		物料搬运
(端子号 4)	⟶	IN0	OUT0	⟶	I/O 口				
(端子号 5)	⟶	IN1	OUT1	⟶	I/O 口				
(端子号 6)	⟶	IN2	OUT2	⟶	I/O 口				
(端子号 7)	⟶	IN3	OUT3	⟶	I/O 口				
(端子号 8)	⟶	IN4	OUT4	⟶	I/O 口				
(端子号 9)	⟶	IN5	OUT5	⟶	I/O 口				
(端子号 11)	⟶	IN6	OUT6	⟶	I/O 口				
(端子号 12)	⟶	IN7	OUT7	⟶	I/O 口				
(端子号 10)	⟶	IN0	OUT0	⟶	I/O 口				
					I/O 口	⟶	K2 NO	⟶	(端子号 13)
					I/O 口	⟶	K3 NO	⟶	(端子号 14)
					I/O 口	⟶	K4 NO	⟶	(端子号 15)
					I/O 口	⟶	K5 NO	⟶	(端子号 16)
					I/O 口	⟶	K6 NO	⟶	(端子号 17)

物料搬运装置	传感器配接模块		继电器模块
红端 24V	COM 24V	COM+ 5V	COM 24V 地
黑端 0V		COM- 0V	

任务评价

序号	教学活动	评价内容					权重(%)
		活动成果(40%)	参与度(10%)	安全生产(20%)	劳动纪律(20%)	工作效率(10%)	
1	接受任务，制订计划	查阅信息单	活动记录	工作记录	教学日志	完成时间	10
2	选择所需模块并进行合理布局，分配 I/O 口	工具、量具、设备清单	活动记录	工作记录	教学日志	完成时间	10
3	对智能物料搬运装置参数进行设置，硬件接线	参数设置、线路连接	活动记录	工作记录	教学日志	完成时间	20
4	智能物料分拣系统程序设计	智能分拣程序	活动记录	工作记录	教学日志	完成时间	50
5	工作小结	总结	活动记录	工作记录	教学日志	完成时间	10
总 计							100

学习活动一　接受任务，制订计划

学习目标

- 能接受任务，明确任务要求；
- 能根据任务要求分析所需模块；
- 能制订工作计划，合理分工。

建议学时：2课时；学习地点：单片机实训室

学习过程

一、学习准备

YL-236设备参考书、任务书、教材。

二、引导问题

（1）根据任务要求，工作任务由哪几部分组成？

（2）完成各部分功能所需模块及材料。

（3）分组学习各项操作规程和规章制度，小组摘录要点并做好学习记录。

（4）根据你的分析，安排工作进度。

序号	开始时间	结束时间	工作内容	工作要求	备注

（5）根据小组成员特点完成下表。

小组成员名单	成员特点	小组中的分工	备注

（6）小组讨论记录（小组记录需有：记录人、主持人、日期、内容等要素）。

学习活动二　选择所需模块并进行合理布局，分配 I/O 口

学习目标

- 能正确选择所需模块；
- 能根据任务要求合理布局各模块，分配 I/O 口；
- 能正确选择电路连接过程中所需的工具、量具及设备。

建议学时：2 课时；学习地点：单片机实训室

一、学习准备

YL–236 设备参考书、任务书、教材。

二、引导问题

（1）电路抗干扰的基本原则是什么？

（2）四组 I/O 口的功能是什么？

（3）I/O 口复用的原则是什么？

（4）列出所需要的模块及材料。

序号	名称	规格	精度	数量	用途
1					
2					
3					
4					
5					
6					
7					

学习活动三　对智能物料搬运装置参数进行设置，硬件接线

学习目标

- 能按照“7S”管理规范实施作业；
- 能根据任务要求合理调节物料搬运装置各部件参数；
- 能熟练地对各模块控制线及电源线进行连接。

建议学时：2课时；　学习地点：单片机实训室

学习过程

一、学习准备

YL-236设备参考书、任务书、教材、所需模块、连接线、量具、“7S”管理规范。

二、引导问题

（1）物料颜色用什么元件判定？如何调节该元件参数来进行颜色判定？

（2）手爪动作强度，速度通过调节什么元件来控制？如何调节？

（3）手爪工位位置通过调节什么元件来控制？

（4）根据电工标准，对电源线、电流型导线、电压型导线应如何连接？

（5）按工作内容列出所设参数和所用材料及工具。

工作内容	设置参数	所需材料及工量具

评价与分析

活动过程评价自评表

班级：____________ 姓名：____________ 学号：________号 ______年____月____日

评价项目及标准		权重（%）	等级评定			
			A	B	C	D
操作技能	1. 光纤传感器参数正确设置	15				
	2. 气压阀、气缸阀，气缸传感器正确设置	15				
	3. 行程开关位置调节	10				
	4. 光电传感器调节	10				
	5. 导线选择正确	10				
实习过程	1. 接线过程是否符合安全规范 2. 平时出勤情况 3. 调节参数方法是否正确 4. 每天对工量具的整理、保管及场地卫生清扫情况	20				
情感态度	1. 师生互动 2. 良好的劳动习惯 3. 组员的交流、合作 4. 动手操作的兴趣、态度、积极主动性	20				
合 计		100				
简要评述						

等级评定：A：优（10），B：好（8），C：一般（6），D：有待提高（4）。

活动过程评价互评表

班级：______________ 姓名：______________ 学号：________号 ______年____月____日

评价项目及标准		权重(%)	等级评定			
			A	B	C	D
操作技能	1. 光纤传感器参数正确设置	15				
	2. 气压阀、气缸阀，气缸传感器正确设置	15				
	3. 行程开关位置调节	10				
	4. 光电传感器调节	10				
	5. 导线选择正确	10				
实习过程	1. 接线过程是否符合安全规范 2. 平时出勤情况 3. 调节参数方法是否正确 4. 每天对工量具的整理、保管及场地卫生清扫情况	20				
情感态度	1. 师生互动 2. 良好的劳动习惯 3. 组员的交流、合作 4. 动手操作的兴趣、态度、积极主动性	20				
合 计		100				
简要评述						

等级评定：A：优（10），B：好（8），C：一般（6），D：有待提高（4）。

活动过程教师评价量表

<table>
<tr><td>班级</td><td></td><td>姓名</td><td></td><td>学号</td><td></td><td>日期</td><td>月 日</td><td>配分</td><td>得分</td></tr>
<tr><td rowspan="6">教师评价</td><td>劳保用品穿戴</td><td colspan="6">严格按《实习守则》要求穿戴好劳保用品</td><td>5</td><td></td></tr>
<tr><td>平时表现评价</td><td colspan="6">1. 出勤情况
2. 纪律情况
3. 积极态度
4. 任务完成质量
5. 良好的习惯，岗位卫生情况</td><td>15</td><td></td></tr>
<tr><td rowspan="2">综合专业技能水平</td><td>基本知识</td><td colspan="5">1. 传感器知识
2. 熟练查阅资料
3. 抗干扰技术
4. 电工安全规范
5. 机械基础</td><td>20</td><td></td></tr>
<tr><td>操作技能</td><td colspan="5">1. 熟练进行物料搬运装置参数设置
2. 能熟练对模块进行布局
3. 布线合理、美观</td><td>30</td><td></td></tr>
<tr><td>情感态度评价</td><td colspan="6">1. 互动与团队合作
2. 良好的劳动习惯，注重提高自己的动手能力
3. 动手操作的兴趣、态度、积极主动性</td><td>10</td><td></td></tr>
<tr><td colspan="9"></td></tr>
<tr><td>自评</td><td>综合评价</td><td colspan="6">1. 组织纪律性，遵守实习场所纪律及有关规定
2. 7S 执行情况
3. 专业基础知识与专业操作技能的掌握情况</td><td>10</td><td></td></tr>
<tr><td>互评</td><td>综合评价</td><td colspan="6">1. 组织纪律性，遵守实习场所纪律及有关规定
2. 7S 执行情况
3. 专业基础知识与专业操作技能的掌握情况</td><td>10</td><td></td></tr>
<tr><td colspan="8">合 计</td><td>100</td><td></td></tr>
<tr><td>建议</td><td colspan="9"></td></tr>
</table>

学习活动四　智能物料分拣系统程序设计

学习目标

- 能完成物料分拣单元的程序设计；
- 能完成显示单元的程序设计；
- 能完成物料搬运单元的程序设计；
- 完成程序编写、调试及运行；
- 故障排查准确。

建议学时：8 课时；学习地点：单片机实训室

学习过程

一、学习准备

YL–236 设备参考书、任务书、教材。

二、引导问题

（1）如何根据传感器信号分拣不同颜色的物料？

（2）如何判定手爪是否有物料？

（3）如何根据行程开关信号对工位进行编程？

（4）用什么办法可以建立物料搬运装置与液晶 12864 的关系？

（5）如何控制每个动作的时间？

活动过程评价自评表

班级：__________　姓名：__________　学号：______号　______年____月____日

评价项目及标准		权重（%）	等级评定			
			A	B	C	D
操作技能	1. 物料分拣单元编程	20				
	2. 物料搬运单元编程	20				
	3. 初始化编程	10				
	4. 液晶 12864 显示编程	20				
实习过程	1. 程序设计优化性 2. 平时出勤情况 3. 查看完成质量 4. 查看完成速度与准确性 5. 每天对工量具的整理、保管及场地卫生清扫情况	20				
情感态度	1. 师生互动 2. 良好的劳动习惯 3. 组员的交流、合作 4. 动手操作的兴趣、态度、积极主动性	10				
合　计		100				
简要评述						

等级评定：A：优（10），B：好（8），C：一般（6），D：有待提高（4）。

活动过程评价互评表

班级：______________　姓名：______________　学号：________号　______年____月____日

<table>
<tr><th colspan="2" rowspan="2">评价项目及标准</th><th rowspan="2">权重
(%)</th><th colspan="4">等级评定</th></tr>
<tr><th>A</th><th>B</th><th>C</th><th>D</th></tr>
<tr><td rowspan="4">操作
技能</td><td>1. 物料分拣单元编程</td><td>20</td><td></td><td></td><td></td><td></td></tr>
<tr><td>2. 物料搬运单元编程</td><td>20</td><td></td><td></td><td></td><td></td></tr>
<tr><td>3. 初始化编程</td><td>10</td><td></td><td></td><td></td><td></td></tr>
<tr><td>4. 液晶 12864 显示编程</td><td>20</td><td></td><td></td><td></td><td></td></tr>
<tr><td>实习
过程</td><td>1. 程序设计优化性
2. 平时出勤情况
3. 查看完成质量
4. 查看完成速度与准确性
5. 每天对工量具的整理、保管及场地卫生清扫情况</td><td>20</td><td></td><td></td><td></td><td></td></tr>
<tr><td>情感
态度</td><td>1. 师生互动
2. 良好的劳动习惯
3. 组员的交流、合作
4. 动手操作的兴趣、态度、积极主动性</td><td>10</td><td></td><td></td><td></td><td></td></tr>
<tr><td colspan="2">合　计</td><td>100</td><td colspan="4"></td></tr>
<tr><td>简要
评述</td><td colspan="6"></td></tr>
</table>

等级评定：A：优（10），B：好（8），C：一般（6），D：有待提高（4）。

活动过程教师评价量表

班级		姓名		学号		日期	月　日	配分	得分
教师评价	劳保用品穿戴		严格按《实习守则》要求穿戴好劳保用品					5	
	平时表现评价		1. 出勤情况 2. 纪律情况 3. 积极态度 4. 任务完成质量 5. 良好的习惯，岗位卫生情况					15	
	综合专业技能水平	基本知识	1. 物料搬运装置、液晶显示模块的使用 2. C 语言编程的使用 3. 检测工量具的使用					20	
		操作技能	1. 能正确编译物料分拣功能 2. 能正确编译物料搬运功能 3. 能正确编译状态显示功能 4. 能熟练进行程序错误排查					30	
	情感态度评价		1. 互动与团队合作 2. 良好的劳动习惯，注重提高自己的动手能力 3. 动手操作的兴趣、态度、积极主动性					10	
自评	综合评价		1. 组织纪律性，遵守实习场所纪律及有关规定 2. 7S 执行情况 3. 专业基础知识与专业操作技能的掌握情况					10	
互评	综合评价		1. 组织纪律性，遵守实习场所纪律及有关规定 2. 7S 执行情况 3. 专业基础知识与专业操作技能的掌握情况					10	
合　计								100	
建议									

学习活动五　工作小结

- 能清晰合理地撰写总结；
- 能有效进行工作反馈与经验交流。

建议课时：2 课时；学习地点：单片机实训室

一、学习准备

任务书、数据的对比分析结果、电脑。

二、引导问题

（1）简单写出本次工作总结的提纲。

（2）工作总结的组成要素及格式要求。

（3）本次学习任务过程中存在的问题并提出解决方法。

（4）本次学习任务中你做得最好的一项或几项内容是什么？

（5）完成工作总结并提出改进意见。

拓展性学习任务

学习目标

- 能根据对机械手的其他控制要求，完成硬件的连接、程序的编写、调试及运行。

建议课时：机动；学习地点：单片机实训室

学习过程

拓展任务

对机械手的工作步骤编写手动控制部分，使其具有“上一步”和“下一步”的功能。

（1）选定模块进行硬件接线，画出接线图。

（2）画出程序流程图、完成程序编写、调试、运行。

图书在版编目（CIP）数据

单片机与接口技术 / 钱伟主编. —北京：经济管理出版社，2015.7
ISBN 978-7-5096-3709-8

Ⅰ.①单… Ⅱ.①钱… Ⅲ.①单片微型计算机—基础理论 ②单片微型计算机—接口技术
Ⅳ.①TP368.1

中国版本图书馆 CIP 数据核字（2015）第 071495 号

组稿编辑：魏晨红
责任编辑：魏晨红
责任印制：黄章平
责任校对：雨　千

出版发行：经济管理出版社
（北京市海淀区北蜂窝 8 号中雅大厦 A 座 11 层　　100038）
网　　址：www. E-mp. com. cn
电　　话：(010) 51915602
印　　刷：三河市延风印装有限公司
经　　销：新华书店
开　　本：787mm × 1092mm/16
印　　张：9.75
字　　数：197 千字
版　　次：2015 年 7 月第 1 版　　2015 年 7 月第 1 次印刷
书　　号：ISBN 978-7-5096-3709-8
定　　价：30.00 元